Best Time

白 马 时 光

数学的秘密

DANS
LE
SECRET
DES
MATHEMATIQUES

〔法〕伊万·柯里奥 著

罗丹 译

山东文艺出版社

图书在版编目（CIP）数据

数学的秘密 / （法）伊万·柯里奥著 ； 罗丹译. --
济南：山东文艺出版社，2022.10

ISBN 978-7-5329-6692-9

Ⅰ．①数… Ⅱ．①伊… ②罗… Ⅲ．①数学—普及读
物 Ⅳ．①01-49

中国版本图书馆CIP数据核字(2022)第131724号

图字：15-2022-127

数学的秘密
SHUXUE DE MIMI

〔法〕 伊万·柯里奥 著 罗丹 译

主管单位	山东出版传媒股份有限公司
出版发行	山东文艺出版社
社　　址	山东省济南市英雄山路 189 号
邮　　编	250002
网　　址	www. sdwypress. com

读者服务	0531-82098776（总编室）
	0531-82098775（市场营销部）
电子邮箱	sdwy@sdpress. com. cn

印　　刷	三河市金元印装有限公司
开　　本	710mm×1000mm　1/16
印　　张	19.5
字　　数	250千
版　　次	2022年10月第1版
印　　次	2022年10月第1次印刷
书　　号	ISBN 978-7-5329-6692-9
定　　价	68.00 元

如果人们认为数学很难，那仅仅是因为他们没有意识到生活有多么不易。

——约翰·冯·诺伊曼

（John von Neumann，1903—1957）

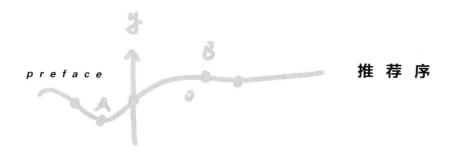

　　科普著作，尤其是数学科普不同于其他类型著作，例如科幻作品可以虚构，数学则需要考虑读者必要的专业基础。数学科普也不同于其他学科科普作品，因数学所具有的抽象性，需要作者对一些重要的数学概念有深入的理解，才可能深入浅出地诠释。迄今已有众多优秀的数学科普作品问世，而法国著名科普作家伊万·柯里奥（Ivan Kiriow）所著《数学的秘密》这本书，就向广大读者展现了其令人叹服的特色和深度。

　　我感觉本书有如下几个显著的特色。

　　1.立意新颖。与传统的数学科普著作相比，本书力图通过探讨"数学的秘密"揭示数学的本质，有令人耳目一新的视角。

　　2.本书取材服从于作者设立的目的，因此与传统方式有所不同。虽然也包含了数学发展过程的几乎所有重大事件，但取舍和详略有很大差别（例如代数、数论与概率的讨论相对少很多）。后面几章侧重于介绍近半个世纪发展起来的一些新兴学科，以及一些重要问题的最新进展。本书增添了一些新的史料和轶事，从而使得历史人物和事件更加生动和饱满。

3. 大多数学史和一般的数学科普作品按时间顺序展开，本书则是围绕作者本人对数学的感知和认识——特别是围绕本书所设定的主题展开。结合自己的观点，对数学各个发展过程中产生的重要思想分散在每一章讨论。

由于本书涉及的专业知识以及有时跳跃大的特点，给读者以下建议：

可以从书中任何地方开始阅读；不要对严格性做过多要求，能理解所讨论的问题即可；对于一些观点和争论，需要耐心和思考，主要是弄清问题的关键。本书不同于标准教材，特别是不能指望从中学到严谨的数学知识，但希望通过阅读此书，能令你产生对数学的浓厚兴趣，继而步入数学殿堂。

下面简要介绍本书内容，读者阅读时要注意作者在每个章节的讨论中如何体现他的思想。

第 1 章是本书破题，直接提出"数学是否存在"和"什么是数学"等基本大问题，围绕这些问题的讨论贯穿本书。这些问题涉及哲学、科学、伦理学的一些最基本的观点。念完这一章可能还不足以理解作者的基本想法、意图和本书特点，但念完本书后回面重新看这一章无疑会有更多收获。也可以在念完本书后再来念这一章。此外，应当注意到"演绎""抽象""严谨"作为数学的三个基本特点，作者没有在这一章深入讨论，而是分散在后面的章节。

第 2—7 章，讨论计数和数的进制，数的分类（有理数、代数数和超越数）和结构（质数理论）。在这儿有两件事值得注意：一是介绍了计数和数的进制的完成过程，这是人类对数学的第一个伟大的贡献；二是介绍了数学的第一次危机："与有理数的不可共度"和"芝诺悖论"。前者使得希腊学派由算术走向几何，并产生了第一个"公理系统"和"比例""穷竭法"两大成果；后者则对无穷小的理解提出了挑战。

第8—10章涉及近代几何与拓扑。作者首先介绍非欧几何，围绕高斯、波里耶和罗巴切夫斯基的发现和轶事介绍几何学中发生的一场"革命"，之后进一步介绍黎曼几何，讨论所产生的不同的公理系统的科学意义，并延伸到爱因斯坦的相对论。接着介绍了由于客观需要而产生的高于3维的维度，作为例子介绍卡拉比流形与现代物理的超弦理论。因此很自然地在第10章介绍拓扑的产生以及发展，与传统几何的本质差别，特别是拓扑在数学中的重要地位。

第11章专门讨论微积分，这是人类继"计数和数的进制"之后对数学的第二个伟大的贡献。由于本章内容在一般数学科普作品中都有重点介绍，因此作者没有因循传统写法，而是按照本书的宗旨着重介绍下面三点：微积分产生是因为人类要了解世界运作需要相应的工具；其次是围绕牛顿和莱布尼兹关于发现的优先权给出自己的看法，为此补充了一些新的史料和轶事；之后又简要介绍了推动微积分发展的代表人物欧拉、拉格朗日和拉普拉斯的后继工作，重点介绍柯西关于极限的工作，由此所建立的无穷小理论化解了以伯克利为首攻击"无穷小"的不严谨产生的第二次数学危机。

第12—13章介绍20世纪后期产生的新兴交叉学科——混沌与分形。从庞加莱三体问题到洛伦茨吸引子，讨论中抓住非线性现象中从"蝴蝶效应"到本质的"敏感相依性"。与传统数学不同，分形几何研究不光滑几何对象，因此数学的一些重要传统分析工具在此失效。混沌与分形的联系在于前者是作用在后者上面的动力系统。作者在此对确定性理论提出怀疑，讨论超出了数学，回到"数学能做什么"的讨论。

第14章介绍逻辑形式化和数学公理化。由康托尔引入的集论引发的数学第三次危机直接动摇了数学基础。公理化和形式化作为破解此危机的工具成为 20 世纪初最为显著的口号，希尔伯特则是这一运动的旗手。每次大的危机和革命都会有大的天才出现，这次是哥德尔。他的贡献——不完备性理论使得希尔伯特的计划以悲剧告终。随后图灵携图灵机登场，作者认为或将出现改变数学思想的局面，并提出：我们是计算机器吗？数学只是机器人的活动吗？

第 15 章讨论数学机器，通过回顾数学的发展和面临的问题，前瞻计算机和人工智能，作为第 1 章的呼应，再次提出"数学是否存在"的讨论。

一部好的科普作品可以给读者以下方面的收益：

（1）增强对学科的感觉和认识。

（2）增加知识的积累。

（3）激发对学科的兴趣以及所引导的思考。

（4）作为辅助的故事和轶事，除了能引人入胜，还应有启发。

（5）不需要按书中目录顺序阅读。

（6）避免说教性的灌输，想表达的思想、方法和技巧应尽可能自然。

（7）作者自身的观点应当鲜明。

（8）不同专业层次的人能有不同层次的收获。

读完此书的读者对此书的感受可以参照上述几方面进行比较。

文志英（清华大学前数学系主任）

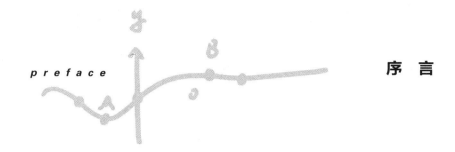

　　就让我们承认吧，对我们大部分人来说，"数学"就是折磨与泪水的代名词，简直让人咬牙切齿！它是精英选拔型学科之最，人们对其知之甚少，而且相较愉悦，它给人们带来的更多是折磨：从古老的龙头滴水问题到起源于古希腊的定理，从冗长繁复的方程到一下课就恨不得立马忘掉的晦涩符号。至于那些尖端研究领域内使用的高等数学……我们对其一无所知！

　　那么，我们在数学课上学习的，或者说铆足了劲儿去掌握的究竟是什么呢？是那些基本概念。毫无疑问，有些还很不简单，比如函数、图示、坐标，再深入一点就是极限、向量、渐近线……除此以外，我们学到的还有方法和逻辑——并不全是！——充分可靠且不会造成歧义的推理方法。但总的来说，数学教授的主要还是一种在特殊的思维判断模式下才能掌握的技能，就好像玩音乐的人要练习音阶、学习识谱，习舞的学生会在镜子面前倚着栏杆练习踮脚尖，一练就是好几个小时。同样的道理，人们会将数学问题一个个地列好，再不厌其烦地重复使用定理。掌握这种技能需要学习严密而精准的规则，这是一个枯燥的过程，也正是这个原因使数学这门学科成为筛选精英和所需人才的理想工具。此前很长一段时间，是拉丁语在担任这个角色，但数学显然更胜一筹。尽管数学在未来的职业道路上并没有或很少有用武之地，但它却能使勤勉自觉、务实高效的学生脱颖而出。从这一点来看，数学既没必要招人喜欢，也不需要受人欢迎，它只需要被人理解、掌握、运用即可。此外，某种狭义的数学观与专家治国论下的社会模型，以及管理层和领导人脑中根深蒂固的"管理"和治国方法极为契合。数学被认为能创造无可争议的绝对真理，其艰深难懂，能使大多数人望而却步。于是它充当起经济的护盾，为其涂脂抹粉，将最无吸引力的社会现实掩盖其下……

在学校里学习数学几乎是我们与这门学科的第一次，往往也是唯一且最后一次接触，此后，数学留给我们的还有什么呢？我们中间也有部分人对数学没有抵触情绪，但即便对他们来说，学习数学也是一段相当痛苦的回忆。

然而，"数学"却是最为迷人的思维冒险之一，是一种看待世界的角度，它打开了科学革命的"潘多拉魔盒"，并且还不止于此。只要我们以一种新的眼光稍微寻找一下，就会发现它会以意想不到的形式出现在出人意料的地方，可谓无处不在。而有时我们会认为那些"数学达人"来自另一个世界，那是因为他们需要面对的不仅有反复出现的数学难题，还有常常与哲学、宗教、玄学沾边的烧脑问题，有时这些问题简直近乎疯狂！

在这里，无论你是"资深数学迷"还是"数学小白"，我们都邀请你来重新探索它！你会发现，数学也是有故事的，对那些不了解或将它遗忘了的人来说，还会有一连串的惊喜。数学也并不是亘古不变的，它仍可能有重大的转折和令人振奋的发现。我们还会看到，那些最尖端的研究领域和最复杂的理论并不一定就遥不可及。因为数学家如此绞尽脑汁，不仅是为了了解令人叹为观止的宇宙和绕来绕去的抽象概念，往往还是为了接近最为具体和最为日常的现实构造。

可以一边学习数学，一边仰望星空，既不用把眼睛"钉"在黑板上，也不用理会那些让人愤怒的红色分数吗？当然可以！至少这是在接下来的篇章中我们要挑战的事：邀请大家重新探索这门学问，这门由于不为人知而不受喜爱、招人排斥的学问。不论是重新审视学校里的那些旧知识（圆周率、微积分），还是探索有时被误认为是高水平的数学家才能涉足的领域（分形、非欧几何），要想领略数学之美，你并不需要"亲力亲为"，自己去揭秘那些最为艰深的计算和推理。如果一个人花点时间停下来思考一下——为了追赶教学进度，我们在数学课上实在很少能够这样做——就会发现，表面上看起来简单而普通的概念，比如无穷或质数，实则暗含宝贵的哲思，藏有简单而令人欣喜的珍宝。

在学校中，另一个被忽视的重要教学内容就是数学家！人们的确会在课上列举几个数学家的名字来丰富教学，不过他们与所讲内容之间的关系有些纯属虚构［泰勒斯（Thalès，约前624—约前547）[1]和毕达哥拉斯（Pythagoras，约前580—约前500）从未明确提出过人们挂在他们名下的那些定理，也没有给出它们的证明］，有些虽然是真实的，但也只是匆匆一提［因此，我们会经常性地在本书中遇到一些名字，比如卡尔·弗里德里希·高斯（Carl Friedrich Gauss，1777—1855）和莱昂哈德·欧拉（Leonhard Euler，1707—1783）］。这些人是伟大数学发展历程中的关键人物，我们

---

[1] 书中人名、专业术语等外文备注均以原版书（法语版）为参考。生卒年，有些为原文所有，有些为译者所加。

想在本书中强调其存在的重要性，因为在绝大多数时候，他们的名字都会被其作品的光芒所掩盖。我们刚刚说的是"关键人物"[1]，可别忘了那些重要的女性人物。有偏见称"数学是男人的事"，但这种偏见已经被许多（确实还不够多！）杰出女数学家的案例推翻了！

每一个人，哪怕是最不擅长数学的人都可以加入这场数学国度之旅，在数学的世界中遨游，大量游览其风景迥异、光怪陆离之地。为了不打击这些人的积极性，也为了不让他们回想起粉笔和黑板（现在大多是白板甚至电子板，但这也没什么区别），在不影响理解某些概念或者说明某些观点的前提下，本书已经最大限度地减少了公式、方程以及计算的数量。有时，为了表述清晰，也不得不牺牲数学词汇的严谨性，因为有时候某些词汇虽然看起来和"行外话"一样，但意思却相去甚远。愿各位专家和对本领域有所了解或有较深认识的读者——也同样欢迎你们阅读本书！——对这些偏差多多包涵。

一旦越过畏惧之墙，克服了"数学恐惧症"，你就会发现最伟大的数学家之一格奥尔格·康托尔（Georg Cantor，1845—1918）的话是多么正确，他说："数学的本质正是自由。"

---

[1] 原文为法语单词"auteur"。虽然该词是一个阴阳同形的名词，但在没有特殊说明的情况下，通常默认认为代指男性。

contents **目 录**

第一章

数学存在吗

第二章

数学的字母表：
数字从何而来

第三章

与众不同的
数字：零

第四章

**与众不同的
数字：** π

第五章

**与众不同的
数字：黄金数**

第六章

无穷：
过山车式的眩晕

第七章

质数：
不要整除以求最好

第八章

非欧几里得几何的
丑闻：空间的颠覆

第九章

不要再增加了！
有多少个维度

第十章

**另一种视角看空间：
拓扑学**

第十一章

**微积分：
挑逗极限**

第十二章

**混沌理论：
方程中的机遇**

第十三章

**分形：
宇宙的几何形状？**

第十四章

永远无法闭合的圆：
不完备性

第十五章

数学机器：
数学还存在吗

附录

第一章

数学存在吗

数学是仅有的一门人们不知言之为何物，所言是否为真的科学。
——伯特兰·罗素（Bertrand Russell，1872—1970）

　　关于数学，有一个极为简单却不常被人提起的问题：什么是数学？人们可能认为这是个会引人发笑的幼稚问题，因为我们所有人都认为自己知道什么是数学。但事实上，这个问题远比表面上看起来要深入得多，它甚至会让我们对诸如真理、现实等基本概念的理解产生怀疑。我们即将进入这片奇异的领域，但在开始探索其中有何动植物生长、谁人居住、风景哪般之前，让我们先问自己一个问题：这片领域是什么？

什么是数学

我们知道，数学，或者我们所认为的数学，探讨的是数字和数，是图形、曲线、线段和面，是多边形、体、角、函数、分数、方根和幂，这是公认的事实。但我们所谈的具体是什么呢？你在自然界中遇到过"直线"吗？在街角碰到过"数"吗？在星空中见到过"函数"吗？

首先，"数学"这个词本身能否给我们一些线索，为我们指出一条明路呢？"数学"一词源自古希腊语，这可以说是不足为奇，因为回首校园往昔，我们所有人都会将这一学科与一连串或古怪不已或令人痛苦万分的希腊名字联系在一起，比如：毕达哥拉斯、泰勒斯、阿基米德（Archimedes，前287—前212）、欧几里得（Euclid，约前330—前275）……数学（mathématiques）一词的词根就是"mathema"，意思是"知识"！有点令人失望是吧？或者至少对探索这门知识的准确定义来讲，还是太过于模糊。毕竟，数学在整个科学界，甚至在我们的日常生活中简直是无处不在。因此，或许数学带给我们的是关于世间之物的（特定的？）知识。但同时，我们可以看到，它还有属于且仅属于它自己的东西。

方才我们在复数的不定冠词和单数的阴性冠词之间游移不定[①]。即使在法语中我们更常采用第一种用法，即将数学（des mathématiques）当成复数名词来讲，但有些创作者、数学家、文学作家、哲学家或科普家——并且他们通常都兼具这些身份于一身！——更愿意使用数学的单数形式（la mathématique），以此将数学归为一个不可分割的整体。这两种选择中的任何一种都能公正地反映出数学的一个方面。复数的数学体现其在专业上的多变性，作为工具是如何千变万化，使用范围又是如何丰富多样。我们可以看到，数学可以表现为几何、代数、算术、分析、拓扑、概率这些专业，还可以发展出新近才出现又或是未来还有待开拓的其他专业，但我们也可以把数学当作单数来讲。因为人们可以借助一种语言和一种普适的逻辑将所有现实合为一体，在致力于达成这一目的的同时，加以论证，就能以此为基础创造出一种通用的切入研究的途径。在这一通用途径和成套方法的共同作用下，所有这些单独的切入途径便能得到统一。为了方便起见，我们在这里更倾向于采用最常见的用法，即用复数形式来表示我们所关注的对象——数学。

单数的数学也好，复数的数学也罢，问题都丝毫没有得到解决：数学是一项关于什么的工作？数学对象的性质是那么特别，以至我们都不知该如何去形容。有些人认为数学是一种科学，甚至是"科学的皇后"。无论是涉及小学、中学和大学的课程设置，还是图书馆和书店里的资料分类，数学显然都属于科学的范畴。但是，数学在这里还有两张不同的面孔。一

① 指在复数的"数学"和单数的"数学"中游移不定。在法语中，所有名词前都需要添加冠词，冠词的选择主要根据名词的性和数决定。"数学"，即"mathématique"在法语中是个阴性名词，故在单数形式下写为"la mathématique"；在非确指的复数形式下写为"des mathématiques"，即本章中作者所讨论的两种用法。由于法语与中文的差异性，本书中关于"数学"的翻译将不体现单、复数差别，统一译为"数学"。

方面，它是一种工具，一种语言，在某种程度上，还是几乎所有科学学科共同"看待世界的方式"——以至哪门科学要是不"说"数学语言或者不转化为数学语言就可能不被重视。然而，另一方面，除了应用数学，我们还发现了研究数学自身的纯粹数学。无论它能否从实际运用中产生，又能否指导实际运用，不会改变的是：数学自有其存在的理由，这个理由与其应用价值无关，涉及的对象也仅仅属于它自身，以至一些数学家、历史学家和哲学家拒绝将其看作"科学"，而更愿意称其为"知识"或"学科"。科学即对自然现象的研究、描述和理性说明。如果从这个原则出发，那么，只有当人们赋予"自然"一词非常广泛而特殊的含义时，才能将数学家研究的实体看作是"自然的"！让我们举几个例子来说明这个问题，同时在数学世界中插上我们的第一面小旗。

数学真的是一个抽象的世界吗

　　数学活动及数学思想在人类世界的出现无疑与实际问题的解决相关——分配物品、划定土地、计算羊群，以及最初的商业交换等。因此，最初的数学对象很容易与自然对象混淆。但这是一种错觉：数学最初是一种抽象能力，即根据确定的相似性原则，将截然不同的元素联系起来的能力。从这点来看，数学与语言相类似——此外，两者之间也有着复杂的关系。不过，数学抽象还有其特殊的性质。

　　就拿最简单的一类数学对象来说吧：自然数，也称"非负整数"。我们从 1 开始一个一个计数的时候就是用的自然数。顾名思义，人们很容易认为这些数存在于自然界中：我们能够找到 3 颗石子，在清醒的状态下数出 674 只绵羊，或者看见 36 支蜡烛①（字面意思！）。但这就忽略了数实际处于这些对象集合的"前面"或"后面"，也就是说这些集合都由给定数量的元素再加上一个确切的数组成。

3 颗珍珠、3 瓣花瓣、3 头野牛的共同点便在于它们都是 3 的集合，而这一属性——数量为 3——已经直接将我们带入了数学领域中算术这一分支。

既然我们是在进行介绍，那么，算术，即数学中与数字打交道的部分——希腊语为 arithmos，与表示数量的基数一样，算术中简单的（以及没那么简单的）运算有时并不像表面上看起来那样自然。诚然，人们可以用小石子进行基本计算——并且这个词来自拉丁语"calculus"，意为"小石子"——但这也不能让计算变得自然：它只是一种实物例证，对类似于算术前身的存在进行说明。而我们将进一步看到，要从数学上证明"1 + 1 = 2"这个所有数学命题中最基本的命题，需要做的远不止将 2 颗鹅卵石配成一对这么简单！

自然数加上负数便构成了整数集，而负数的出现使问题变得更加清晰。因为如果说只要从一个集合中去掉一定数量不再属于这个集合的元素，就能轻松"领会"减法运算本身，那么又该如何表达一个本身就为负的数量呢？也就是说，什么可以与"缺少"这一概念画等号呢？数石子或点"钱币"无疑是第一个计算模型，在某种程度上，可以说是第一台计算"机器"。但现在，我们有必要在此基础上更进一步，在会计学的加持下往抽象上更进一步。实际上，算术的出现使记录并跟踪商业交易和金融交易成为可能，更重要的是，使计算债务成为可能。债务是现实世界中最接近负数的东西；

---

① 法语"voir 36 chandelles"的直译，该表达一般指身体受到撞击后，眼冒金星或者收到令人震惊的消息后受到冲击。

然而，尽管从一方面来看，债务在我们的日常生活中可以非常物质、非常具体，但也必须认识到，有了负整数，我们就不再完全停留在物质层面上了。可以说，我们的两只脚都踏入了数学抽象之中。

同样地，我们也可以将除法和分数简单翻译为"平分"，或者从一个对象集合中取出一组对象且每个对象大小相等——比如 6/73，就相当于从 73 个球中拿出 6 个球。至于乘法，就是把一定数量"大小"相同的一组东西合在一起。但是，如果真想了解数学世界深处能有多么奇特，我们可以举一个更为极端的例子：虚数和复数。

超越现实的存在：复数

复数因实际需要而生，尽管这种需要是纯数学的：对某些含有一个或多个不同次方未知数的方程，即多项式方程求解。比如，一元二次多项式往往可以表达为 $ax^2 + bx + c$ 的形式，其中，x 是未知数（或变量），a、b、c 是属于实数范围的常数（其中，$a \neq 0$。——译者注）。在试图对 $ax^2 + bx + c = 0$ 这类方程求解的时候，通过运算会得到一个数的平方根，这个数由 3 个常数得到。如若所得之数为负会发生什么呢？算术的基本规则告诉我们，平方，即一个数与自身的乘积只能为正，因为不管最初那个数是什么符号（ - 或 + ），根据规则，两个同号之数相乘，所得为正——两个负号相互抵消，两个正号相乘仍为正号。开方是平方的逆运算，被开方数只能是符号为正的自然数（0 也可以是被开方数，$\sqrt{0} = 0$。——译者注）。因此，对负数开方没有任何意义。只不过，这种限制妨碍了某些多项式方程的求解：即使它们最终的结果是一个"正常"的整数，但要完成解答，还是得计算负数的平方根。为了绕过这一障碍，大胆的数学家们产生了发明新数学实体的想法，他们想发明一种使方程 $x = \sqrt{-1}$（或者 $x^2 = -1$）得以成立的"奇"数。由于这个数从定义上来讲是不存在的，也是不可能存在的，他们便使用单词"虚幻之物"（imaginaire）中的字母"i"来表示它。一个实数乘上"i"（或称"虚数单位"）就构成了虚数，而实数就是所有不是虚数的数，即所有可以写成小数的数，说明白点，即"带小数点的数"。在一个虚数的基础上再加上一个实数就构成了复数：复数由实部加上虚部构成（形如 $ai + b$，其中 a 与 b 为实数）。

综上所述，复数的出现与代数征服算术可谓异曲同工。当我们提及变数和常数时，就已经进入了代数的领域。代数是数学的一个分支，它所关注的不是对数进行简单的计算，而是将其中的一部分替换为字母与符号。简而言之，这些字母与符号就代表了方程、函数或其他同类型公式中某一给定数的所有可能取值。在先前看到的方程中，我们可以用任何实数代替"a""b""c"，也就是字母表开头的几个字母——通常用来表示常数——并保证所有规则同样适用，因为所得方程或其他表达式的形式及性质仍然保持不变。变数——约定用字母表最后几个字母"x""y""z"来表示——则是在预先规定的区间或集合范围内可以被赋予任何数值的量，前提是与公式、表达式相关的等式或其他命题仍然保持正确（假设涉及的是方程，我们会说变数验证了给定方程）。在下一章中，我们将会看到这种用字母代替数字——更准确地说是"数"——的新兴数学语言是如何被引入，又是如何获得为我们所熟悉的这种形式的。

在引入"i"、虚数以及从中衍生而出的复数之后，一片全新的领域展现在了纯数学研究者的面前。不仅如此，在物理学、计算机科学、工程科学等许多学科的实际运用及计算中，复数也发挥了积极的作用。同其他已知数集中的数一样，人们也可以对复数进行操作，将其置于运算之中，或用几何方法来表示它。不过，这种数从何而来？说到底，它们并不存在，在很长一段时间内，人们都认为它们与数学本身所固有的逻辑不符。后来，又认为它们是一种畸形之物，一种没有现实基础的计算把戏，甚至在抽象的世界中也是如此。但从数学"存在"的角度来看，我们可以说"i"以及所有的虚数确实是存在的。不过，它们究竟是被数学家发明、想象出来解决数学问题的，还是自始至终就存在于数学思想与概念的"天堂"之中，等待着某人前来探索这片理想之地，然后发现它们呢？

来自另一个世界的完美

从古希腊时期就得以发展的另一大数学分支，即研究图形或者说研究空间中所有物体的几何学又是如何呢？在这里，实物似乎是第一位的。我们可以切实地看到推理出的三角形，甚至触摸到我们描述的立体图形。只不过，画出来的三角形永远不会像几何学中的三角形那般完美。因为即使是几何学中最基本的对象——点（0维）、线（1维）、平面（2维）——在现实中都不存在：如果我们观察得足够仔细，会发现"现实中"的每一个点都有面积，每一条线和每一个平面都有厚度。

那么，这些只在我们的大脑与智慧中存在，但似乎又独立于其中且属性完全不受我们支配的对象是什么呢？它们不能被我们创造，最多只能被我们发现，就好像一直存在于某处。但是，这个"某处"会在哪里呢？

数学天堂：柏拉图理想主义

第一个尝试解答这个问题的仍是古希腊人，但他们给出的答案并不是不可推翻的终极答案，因为我们已经走出了纯粹的数学世界。在数学世界中，只要证明或定理阐述合理，就一定会被普遍接受。

我们现在所涉及的领域被称为"数学哲学"——即使称其为"关于数学的哲学"会更为准确。数学哲学试图把数学的方方面面整合在一起并将其当作一个整体来解释，因而是数学之外的领域。然而，这个答案仍然举足轻重，因为它第一次对数学对象、数学实体及数学真理的来源与性质做出了回答。正是通过这一回答，我们得以确定立场，选择拒绝、反驳这一理论，或对其进行进一步的确认或延伸。简而言之，在数学领域，我们仍然生活在柏拉图（Plato，前427—前347）的世界里！

柏拉图无疑是古希腊最重要的两位哲学家之一——另一位是他的弟子亚里士多德（Aristotle，前384—前322）——事实上，正是柏拉图确定了在他之后的几个世纪里一直占有主导地位的数学理念，并且这一理念至今仍被许多研究这一问题的现代思想家所认同。

柏拉图的学说是纯思辨的、形而上学①的，受当时的宗教与哲学精神的影响。虽然这种学说在哲学层面上存在争议，但它却是在一种相当清晰的理念之上建立的，而且这个理念还与数学的本质有关。虽然这位哲学家对数学史本身的贡献可以说是微不足道，但他知道自己所言为何。

---

① 形而上学（Metaphysics），是指研究存在和事物本质的学问。形而上学是哲学研究中的一个范畴，被视为"第一哲学"和"哲学的基本问题"。它是人类理性对于事物最普遍的面相和终极原因的探索的一门学科。

"不懂几何者不得入内"：柏拉图与数学

柏拉图将数学奉为终极真理，而且是终极的绝对真理。他在雅典创办了一所学院，并让人在学院的三角楣上刻下"不懂几何者不得入内"。在古希腊，几何学是所有数学学科的皇后和典范。但柏拉图本人是一名伟大的数学家吗？不论答案肯定与否，总之，他没有在作品中留下令人印象深刻的定理或证明，尽管其作品具有重要的地位。有一类多面体被称为"柏拉图立体"，它们的所有面和角都相等，是世上仅有的5种正多面体，即正四面体（有4个面，形如金字塔，但底面不是正方形而是与其他三个面大小相等的三角形）、正六面体（有6个面，就是一个立方体）、正八面体（有8个面，看起来像是正方形底面相接的两个金字塔）、正十二面体（有12个五边形的面）和正二十面体（有20个三角形的面）。人们错误地认为柏拉图是"柏拉图立体之父"，但这些立体并不是由柏拉图发现或定义的：至少在他那个时代的1000年前，它们就已经为人所知了。不过，指出"柏拉图立体"就是所有的对称或规则多面体，不存在也不可能存在其他正多面体的却是与柏拉图生活在同一时代的泰阿泰德（Théétète），这个名字也被柏拉图用来命名一篇关于科学的对话录。而关于"柏拉图立体"，柏拉图只是在另一篇对话录《蒂迈欧篇》（le Timée）中传播了泰阿泰德的发现。在这篇对话录中，他将泰阿泰德描述的五种立体图形与四元素相联系，还把最后一种（正二十面体）同整个宇宙联系起来。由此看来，与其说柏拉图是数学家，倒不如说他是科学诞生之前的形而上学家。

相反，柏拉图的学生，尼多斯[①]的欧多克索斯（Eudoxus，约前400—约前347）却在整个古代数学史上占有重要的地位。欧多克索斯与亚里士多德是同一时代的人，其主要成就是建立了所谓的"穷竭法"。穷竭法可以使某些面积的计算以及与之相关的数值结果达到一种令人满意的近似。比如，计算圆面积的方法为：在圆的内部构造内接多边形，外部构造外切多边形，以从两侧向圆逼近。然后，再逐渐增加两个多边形的边数，使其越来越接近圆弧，直到与后者相合。如此一来，圆的面积便介于两个多边形（内接及外切）的面积之间，而多边形面积的求法又是已知的。20多个世纪后，人们利用这种方法来建立微积分学的模型。

柏拉图提出的数学观与其被称为"二元论"的形而上学密不可分。依照他的观点，我们肉体所在并能通过感官感知的世界是"可感世界"，它并非唯一存在的世界，也不是最好的世界，最好的世界是与之相对的"可知世界"或"相世界"，是需要通过我们的精神或理智才能认识的世界。不过，这种认识也并非直接的认识。哲学家之所以能够思考可知世界的永恒真理，仅仅是因为他在前世就已经这么做了。因为，同印度教教徒一样，柏拉图相信灵魂转世或者轮回转生，也就是在"前世"死后，灵魂会转移到另一副肉体之中。一个人若一生品行端正，那么转世为人时，其地位定会得到提升，而人类生命的最高形式便是追求智慧与知识的哲学家。

---

① Cnidus，今土耳其西南部。

走出洞穴

像我们这样被"困"于可感世界的地球生物，如何才能接触到可知世界呢？方才我们已经了解到，通过观察可感世界中的对象，哲学家能够回想起可知世界的真理，因为他在前世便已经观察思考过这些真理了。但是，这种回想或"灵魂回忆说"——相当于记忆的追溯——之所以能够成立，正是因为这两个世界并非完全没有交集。可感的具体事物就如同"相"，即可知世界完美本质的复制品。尽管这些幻影只是扭曲、拙劣或不尽完美的模仿，但总归也源自永恒的真理，以完美的模型为本。柏拉图在其重要作品《理想国》（ *La République* ）的一个片段中，以著名的洞穴比喻着重对这一思想进行了阐述：有一些人就如同囚犯一样被关在一个洞穴之中，在洞外的光线下，看着被移动到洞口前的相在穴壁上映出的阴影。由于拴有链条，他们既不能朝光的方向转身，也看不见相的原貌，于是便把复杂古怪的阴影当成了真实的物体。

你会问，这与数学有何相干呢？嗯，这些正是柏拉图把数学真理当作相世界中永恒真理的终极范例。事实上，数学与柏拉图的描述完全相符：数学能够解释可感的世界，而我们又能在可感世界的现象中找到数学的轮廓，就好像它已在其中有了"实际可感的体现"。不过，这些可被感知的"事物"仅仅是完美几何以及整个数学的粗略近似物。

独一无二的柏拉图学派

柏拉图时代距今已有 2400 年之久，时光流逝，我们与他的形而上学难免渐行渐远。尽管柏拉图哲学与其主要灵感来源——东方智慧及婆罗门教（印度教，然后是佛教）——之间有许多共通之处，尽管它——主要通过"新柏拉图主义"派——可能对基督教神学产生过影响，但它离我们似乎还是非常遥远。对柏拉图哲学的批判、争论与反驳在其后的哲学史上（差不多就是整部哲学史）从未间断，也不断有其他理论出现将其取代，以至在当代很少会有人对纯粹而绝对的朴素柏拉图哲学表示赞同，认为（以同样的方式对一切进行简化之后）马之"相"实质上就是绝对完美的理想之马，而所有"可感"之马都只是前者的不完美复制品！

然而，在数学哲学领域，柏拉图主义在很大程度上仍广受关注。直到20世纪，还有许多伟大的数学家公开宣称自己是柏拉图主义者，其中便有格奥尔格·康托尔和库尔特·哥德尔（Kurt Gödel，1906—1978），他们二人对这一讲述数学学科及其起源的理念极力维护。当然，我们可以以两人的神秘主义倾向为由来弱化他们的立场，这也的确符合事实，但除了"原教旨主义"的柏拉图主义者，人们习惯将所有数学家都称作柏拉图主义者：不论其私人观点与哲学倾向如何，作为数学家来讲，当他们从事这项为之热爱同时也被其当作职业的活动时，都会根据柏拉图的提法进行思考。

数学柏拉图主义与促进知识发展的启发式哲学，即"实用型"哲学尤为相似，其经久不衰的原因很容易通过数学对象本身的性质及其最为显著的一个特点来解释：与运用于科学或其他领域的概念不同，数学实体，尤其是定理、证明与推理似乎是一种独立的存在，不像前者那般，好似始终带有一部分主观性，可被争论探讨或受人影响操控。数学家仿佛完全置身于数学实体的运作之外，他们的工作仅限于发现它们、观察它们。一个数学真理的面纱一旦被揭开，若它是正确的、合理的，就会变得无法反驳、无可置疑，如此具有普遍性，以至将它揭示出来的研究者由衷地认为它在自己介入前就已经存在了，只是一直在等待被人揭露。

有许多数学家的言论与此观点不谋而合，比如知名教授高德菲·哈代（Godfrey Hardy，1877—1947）。哈代曾收到一个印度人的来信，这个印度人才华出众，但在当时却名不见经传，他就是斯里尼瓦瑟·拉马努金（Srinivasa Ramanujan，1887—1920）。面对拉马努金信中的公式，无法对其做出证明的哈代坦言："拉马努金的一些公式超出了我的理解范围，但必须承认，它们一定是正确的，因为没有谁能有足够的想象力去创造这样的公式。"

同样，当伯努瓦·曼德尔布罗（Benoît Mandelbrot，1924—2010）借助计算机技术，将以他的名字命名的"曼德尔布罗集"公之于世时，数学家罗杰·彭罗斯（Roger Penrose，1931年— ）称这不是一项发明，而是"一个发现"，并把这个集合比喻成珠穆朗玛峰。

数学柏拉图主义源自柏拉图哲学并诞生于其后很长一段时间。由于柏拉图相信相世界的独立存在，人们便将柏拉图哲学看作唯心主义。尽管如此，在数学领域，我们采用"数学实在主义"这个词来称呼"柏拉图主义"，因为它使数学实体成为一种实在，而不仅仅是一种被想象或构造出来的思想。

反柏拉图的唯物主义数学

很显然，就如数学史为我们呈现的那样，现实的数学活动并不总与柏拉图哲学所传达的唯心主义观念相符。人们对于数学真理的看法从未如我们想象的那般一致，它们就像自然科学中的理论一样，可以任人讨论，有时还会遭人反驳或者被人推翻。但在这里又必须承认,即使在最激烈的论战中,数学家也总会提及一种"存在于外界的"真理,这种真理在被某个人探寻或揭露之前就已存在并且不会受其左右,而这正是数学柏拉图主义的观点。难道在数学的世界中,除了柏拉图主义,就没有其他可能的解答了吗?

事实上,柏拉图的数学观几乎立刻就遭到了希腊另一位哲学巨人亚里士多德的反对——他曾是柏拉图的弟子,后来与柏拉图分道扬镳并建立了自己的思想流派及讲学机构:吕克昂学园(le Lycée)。其实,在亚里士多德看来,完美的数学并不是先于人类智力活动的存在,它是一种抽象之物,是在人类的努力下,被理想化、形式化了的精神产物。可以说,按照他的说法,最先有的是物质世界,然后人类再通过思考从中提取出"完美"的形式与概念以构成数学。

需要补充的是,亚里士多德抛开了柏拉图对于数学的那种近乎宗教式的崇拜,转而研究起生命(那时还不叫生物学),并将其看作科学的皇后以及一切知识的典范。尽管这些哲学问题相当复杂烦琐,并且也不在本书的讨论范围之内,但总的来说,亚里士多德用"质料—形式"这个组合取代了柏拉图的"相":"形式"可以被看作"相"的等价物,它将"质料"组织起来并赋予其某种意义。在亚里士多德那里,质料与形式虽不相同,却不可分割:对数学以及其他知识领域来说,形式不存在于被其赋予意义的质料"之外";概念、种类、类别及其他可感对象都是抽象之物,它们自身没有独立于物质世界之外的实体。

数学与现实

尽管柏拉图"唯心主义"与亚里士多德"唯物主义"间的对立贯串了整个哲学史，并演变出许多复杂的版本与变形，但在近2200年的时间里，它们都没有在数学家的小世界中激起什么浪花。然而，对实无穷真实性的肯定使关于数学对象存在的方式这一哲学问题被频繁提及，而实无穷的主要捍卫者便是格奥尔格·康托尔。这里又直接关系到亚里士多德为潜无穷（未实现的、潜在的）与实无穷（实现了的、真实的）所做的区分。在此之前，数学家还只接受潜无穷。潜无穷仅仅表示（通过思考）对运算的不断重复，并且这种运算本身是有限的。由于承袭柏拉图和亚里士多德的两种对立观点都能勉为其难地接受这种折中的说法，因此无穷仍然保持着它神圣的属性，其数学推论也单纯只是一种表达方法——几乎是一种语言的滥用。然而，对无穷的数学实在性之肯定和对无穷量的具体运用，使康托尔坚决捍卫的柏拉图实无穷之立场强势回归，同时，也引起了该观点的反对者及对手的异议。

拥护实无穷论的人所信奉的柏拉图主义与原始的柏拉图学说相去甚远，同样，要反驳它，所采取的也自然是不同于亚里士多德反对其老师所用的那种形式。"构造主义者"认为，只有人类智力能够构造——尤其是能够构想——的数学命题和真理才是有效的、可接受的。不论这些数学真理存在与否，一个实在若与将其揭露出来的头脑脱离，对他们来说就什么也不是：若一个对象或概念不能由人类智力活动构造或者再构造，那么数学之厦中就没有它的一席之地。

另一些人则更为激进，他们断然否定数学对象存在于将之构想出来的人脑之外，尽管其反对的理由有时大相径庭。其中一些人继承了亚里士多德和感性主义——一种断言我们所有的知识均来源于感觉的哲学流派——的观点，他们在数学存在中只看到了物质世界，即唯一真实的世界的纯粹抽象。另一些人则属于所谓的直觉主义派，如鲁伊兹·艾格博特斯·杨·布劳威尔（Luitzen Egbertus Jan Brouwer，1881—1966），他为拓扑学奠定了坚实的基础，对这一专业的黄金时代做出了贡献，并在之后将余生大部分时间奉献给了数学哲学——他们认为，无论在物质世界还是在自始至终都为自身而存在的纯粹可知世界中，数学对象都不具有任何处于数学家思想、想象及直觉之外的实在与存在。

然而，正如我们之前所说，不论数学家个人倾向于何种哲学观点，实际上他们差不多都是柏拉图主义者。此外，还需明确的是，当布劳威尔与其弟子试图重建整栋数学之厦，以使直觉主义哲学与之相吻合时，一堵墙挡住了他们的去路：尽管柏拉图主义在哲学层面引发了如此多的争议，但在数学层面上，它却是行之有效的，以至我们无法对其弃之不用，除非整栋数学之厦像纸片城堡那般轰然崩塌。在这里，我们需要稍微修正一下我们的言辞：直觉主义者不仅未能撼动根深蒂固的数学柏拉图主义，尤其是在无穷的领域之中，而且他们还不得不直面可靠性与重要性兼备的数理逻辑基础，特别是承袭亚里士多德的"排中律"！

康托尔对于集合论的研究孕育出了实无限，而实无穷的确立使关于本体论——我们以此来指代对事物本质、存在及深层含义方面的哲学思考——的争论愈演愈烈，然而，最为激进的柏拉图主义却是在最近才在物理学与应用数学领域中改头换面，强势回归。

但是，为什么会成功

我们已经说过，柏拉图只将可感世界的物质现实看作可知世界中的完美之物，尤其是数学的低劣复制品。然而，正是在物理学中体现出的数学规律，使许多现代思想家证实了这个由数、符号、方程及公式组成的世界自有其一致性和现实性，或者至少体现出了一些蛛丝马迹。1960 年，物理学家尤金·保罗·维格纳（Eugene Paul Wigner，1902—1995）在一篇题为"数学在自然科学中不合理的有效性"的文章中表达了这一观点，其立场给人留下了相当深刻的印象，以至到今天还被人反复提及。

乍一看，人们看不出数学的有效性在自然科学中能有什么不合理之处，因为科学思维的本质就是将世界转化为数学语言。然而，现代科学的冒险历程从一开始就建立在一个更为强大的信念之上，而不只是认为数学工具能够基本适用于对自然现象的描述。伽利略（Galilée，1564—1642）是科学革命的决定性人物，他在《试金者》（L'Essayeur）（出版于 1623 年）中称："伟大的科学之书是用数学语言写成的。"对他来说，数学不仅仅是一种基本可以灵活应用于现实之中的便利工具：它表现了事物的内在本质以及其中所暗含的不为人知的真理。

科学家的作用就在于学习数学语言，然后再用数学语言对可感现象中的符号进行解读，并将它们重新排列成一个严密的整体。

在维格纳震惊之余，这一观点再次得到了体现：数学工具的发展完全不受外界干扰，而且人们通常也不会预先设想它的潜在用途，如此一来，它是如何得以对可感现象做出如此准确而恰当的解释的呢？在接下来的章节中，我们会通过几个例子来说明这些碰巧的发现，维格纳以及该领域的所有后继之人（或者前辈）无不认为作为纯粹的巧合，它们实在太过精妙：乔治·弗里德里希·波恩哈德·黎曼（Georg Friedrich Bernhard Riemann，1826—1866）的非欧几何成为广义相对论建立的基础，分形几何在自然界和社会中存在大量例证以及复数的实际应用。毫无疑问的是，这一切均不在其发明者的预料之中。

维格纳所谓的有效性正是这种一致性，但矛盾的是，在他看来，这种一致性却又是"不合理的"——言下之意，如果假设这种一致性是偶然的结果，那么它就是不合理的。从这一立场中得出，宗教或神秘主义推论对人们有着巨大的诱惑，当代有好几位作者毫不犹豫地迈出了这一步，他们以"人择原理"作为支撑来说明数学的这种解释能力：数学之所以能使我们如此出色地解读现实，是因为它证明了一种本就已经存在的潜在秩序，也就是一种神意的存在！面对这种神化数学科学的倾向，怀疑论者和不可知论者反驳说，我们只能找到我们所寻觅的东西，科学描绘下的世界之所以能如此之好地表示为数学语言，是因为从某种程度上来说，世界就是按照这种程式"预先"构造好的，以便与人们施加于其上的数学模型相适应。

面对这些各不相同的哲学观点，我们只能留出空间让读者自行选择，或更加坚信自己已有的想法，或对其产生怀疑。在这里，我们仅仅是想揭示数学的一个方面，这一方面在以实现技术或功利目的为导向的学校教育中很少涉及，那就是数学哲学以及数学向我们抛出的关于世界本质与思想本质的新问题，还有我们在宇宙中的位置。同时，我们可以反复得出这样的结论：尽管各种哲学选择和哲学流派相互对立，但数学为我们提供了一个前所未有的案例，那就是，有一种现实，它不存在于任何地方但又貌似独立于物质世界，它自身具有强大的一致性，人类通过努力也未必能对其一探究竟。

第二章

数学的字母表：数字从何而来

上帝创造了整数，剩下的一切都是人类的工作。

> ——利奥波德·克罗内克
> （Leopold Kronecker，1823—1891）

你会说数学语言吗？或者至少会写吗？从最初的数字到完全由符号——对大部分人来说，它们简直就是些神秘晦涩的天书——构成的语言，人们记录、表达以及传播数学知识的方法一直在发展。而自学生时代起就为我们所熟悉的十进制记数法以及其中的一些符号仅仅是沧海一粟。

数学史前史：最初的记数系统

我们在诸如伊尚戈骨[①]这样的"记数棍"上发现了人类尝试运用数学思维的最早迹象。最为古老的记数棍可以追溯到公元前3万年。但随着第一批数字的出现，数学的历史才正式拉开帷幕。数字就是用来表示某一确定量的符号，而毫无疑问，对抽象化数学所做的第一次努力就在于这种象征性的概括。它使人们得以在不依赖具体现实的情况下，为基础量指定独一无二的特殊符号，而不是有多少个富有含义的单位就得打上多少个记号或标记（无论是圆点、槽口还是方块都无关紧要）。

这一由10个数字——目前不如说是9个，我们要把第十个或者第一个数字的出现留到下一章来讲，因为它的作用非常特殊——组成的记数系统非常独特，它是当今仅有的一门名副其实的世界语，几乎为全人类——至少是搞数学的人——所通用。然而，在我们成功发明这一心爱的记数法前，其他文明也开发了自己的数字字母表。

---

① 伊尚戈骨：一条暗褐色的狒狒腓骨，其历史可追溯至旧石器时代早期，因其上刻有不对称的三列刻痕而被认为是一根记数棍，但也有说法称雕刻这些条纹可能只是为了方便抓握或出于其他非数学的目的。

最古老的记数系统源自中东，更准确地说，是源于位于底格里斯河和幼发拉底河之间的美索不达米亚地区周围，即如今的伊拉克地区。记数法起源于苏美尔文明和巴比伦文明，其最早的迹象可以追溯至公元前 4000 年。一开始，代表各种基本数量的是非常初级的符号——我们可以称其为数字，尽管它们并不是我们所熟悉的样子——经过一个又一个的民族变迁，这些符号发生了变化，直至在埃及人手中演变为一种象形符号，即著名的"圣书体"。这些符号被埃及人发展得非常完善，其中一些等同于字母、音节，甚至是完整的单词，而另一些则被用来做记数之用。

从"十五个二十"到"八十"

光有表示数字的符号还不够。这些数字对应着一个记数系统中的基本数，但系统具体的基数是什么，如何将这些数字符号组合起来以表达人们所需的所有数，这些都还有待确定。简单来说，基数就是为了方便人们记数而被"打包"起来的单位数量。

我们的文明所选用的十进制基数（或基数为 10 的进制系统）似乎是最符合逻辑的，因为它允许我们用手指进行计算。但在整个记数史中，人们采用过基数各异的记数法，并且有时这些记数法还在不经意间于我们的生活习惯和记数单位中悄悄留下了痕迹。

因此，直到今天，以 12 为基数的十二进制系统仍然存在于我们每日对时间的划分当中。不过，十二进制系统未必就不如十进制系统那样一目了然：假设我们以一只手的一个指节来表示一个单位，再用大拇指在手指上"做记号"（相当于游标），就能够以 12 为基数进行记数。在此基础上，再加上另一只手的 5 根手指，我们就得到了一个以 60 为基数的六十进制记数系统，因为 12 × 5 = 60。此外，我们还总会用到六十进制来记录小时和分钟！既然都用手指记数了，何不再加上脚趾呢？这样便有了玛雅人和阿兹特克人使用的二十进制记数法（vicésimal 或 vigésimal）。依某些研究者，如数学家及数字史学家乔治·伊夫拉（Georges Ifrah，1947—2019）看来，这种记数法起源于史前最早的一批算术系统。事实上，语言学家在某些所谓的前印欧语，比如巴斯克语中发现了它的残留。另外，我们在英语——"score"曾表示"二十上下"，这种用法现在已经被废弃了——甚至法语的某些用法中也可以找到它的痕迹。比如，这就解释了我们为什么会说"四个二十"（quatre-vingts）[到中世纪时，我们还能找到更为明显的线索。比如，"二十加十"（vingt et dix）表示三十，"两个二十加十"（deux-vingt et dix）表示五十，"三个二十"（trois-vingt）表示六十等。于 13 世纪成立的巴黎"十五个二十"医院就得名于它能接待的病人数量：15 × 20，即 300 号病人]，而不是更为合理的"octante"（八十）或者"huitante"（八十），我们周围讲法语的地区直到前段时间还对"octante"青睐有加（这种用法在比利时、卢森堡、瑞士法语区各州以及伯尔尼汝拉地区最终被"quatre-vingt"取代），而瑞士的某些州目前仍在使用"huitante"这种说法。

即使在今天，十进制系统也并不像人们想象的那样普遍，因为我们技术的基石以及使技术得以实现的语言和逻辑均是以 2 为基数来设计的：这就是我们生活中无处不在的电脑、信息处理器以及计算器所共用的二进制系统。

不过，历史并未构建出所有可能的记数系统，于是，数学家们便自娱自乐起来。例如，他们会以 8 为基数来记数——就像汤姆·莱勒（Tom

Lehrer）的幽默歌曲《新数学》（*New Math*）中那样——甚至还发明了以16为基数的记数系统！在汤姆·莱勒看来，这种语言使他能够流利地"讲出"数学。即便较其数字游戏而言，我们还是对他的文字和声音游戏更为了解，但不得不说，能创造出这种数学语言的定是极富想象力之人！

两只手如何得到六十进制记数系统

其实就是两只手加起来可以数出 1 ~ 60，也就是组成六十进制系统的数字。一只手是从 1 数到 12，另一只手相当于用来进位（记录他们已经数了几个 12），满 12 进 1，可以进 5 个 12，就是 60。其实按照这种数法一共可以数到 72（12×5 ＋ 12）。据说这就是六十进制系统最初的来源，因为书里也讲了，一般最初人们在确定记数系统的基数时都是首先以自己能想办法数出来的数来做基数，10 也好，20 也好，60 也好。具体可以参考下图：

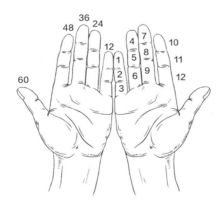

"bibi 二进制"之父——博比·拉普安特

博比·拉普安特（Boby Lapointe，1922—1972）是绝无仅有的艺术家，是风格独特的创作型歌手，赋词、谱曲、演奏通通不在话下。他善于玩词弄句，各种双关语、谐音词信手拈来。除此之外，他还是近音词连用的高手——将两个发音相近但语义无关的词语放在一起，不受词义束缚，只为发音相同。在人们的印象中，他语速极快，在逗笑别人的同时自己却面不改色；他颠覆了法国香颂[①]，在其短暂的音乐生涯中发光发热。在博比·拉普安特的银幕首秀《射杀钢琴师》（*Tirez sur le pianiste*）（于 1960 年上映）中，他本色演绎了自己的两首曲子。当时，导演弗朗索瓦·特吕弗（François Truffaut，1932—1984）认为应该给他的歌词配上字幕，因为他的语速实在太快！若非他的歌迷，人们常常会忽略：在创作出诸如《简易吉他课》（*guitare sommaire*）和《吉卜赛小提琴演奏》（*démonstrations de violon tzigane*）这些滑稽怪诞的歌曲之前，他还是一名才华横溢、野心勃勃的数学家！1922 年，罗伯特·拉普安特[②]在佩泽纳斯（埃罗省[③]）出生，50 年后又在那里去世。1940 年，他通过了"初等数学"（Elementary mathematics）高中毕业会考，之后又在巴黎中央理工学院的竞赛中脱颖而出。如果不是战争迫使他中断学业，他本可以在次年进入"法国高等航空和航天学院"（Sup Aéro，该学院当时位于巴黎，1968 年迁至图卢兹）就读。

---

① 香颂：从狭义角度来说，指法语世俗歌曲，内容包罗万象。
② 博比·拉普安特的本名。
③ 埃罗省：法国朗格多克—鲁西永大区所辖的省份，东邻地中海。

不过，他并没有因此就与数字分道扬镳，即使是在"玩词弄句"的事业取得成功之后，他又开创了一种十六进制的记数系统，并将其命名为"bibi 二进制"。这个发明是如此诙谐而又严肃，光是它的名字就足以说明。一方面，"bibi"系统这个简称表明了是他创造了这门语言，因为在口语中，"bibi"可以表示"我的"，同时，这种叫法又迎合了他对谐音词的爱好——"请把我的系统称为'bibi'，这对我来说就很给力，也值得你为它写断了笔。"另一方面，bibi 系统的严密性经得起任何考验。如果说以 2 为基数的系统是二进制，以 4 为基数的系统是"bi 二进制"（$2^2 = 4$），那么以 16 为基数的系统就只能是"bibi 二进制"，因为 $(2^2)^2 = 4^2 = 16$！为了证明这一切并非一场单纯的恶作剧，1968 年，罗伯特·拉普安特为他的"bibi 二进制"申请了专利，次年，他的申请得到了受理。"研究员罗伯特·拉普安特"甚至引起了杂志《科学与生活》（*Sciences et Vie*）以及《科学与未来》（*Sciences et Avenir*）的关注。因为很显然，他瞄准的是当时正处于蓬勃发展之中且前途一片大好的信息技术领域，众所周知，这种技术使用的是二进制语言。

不过，博比的"bibi 系统"可以方便地将这种机器语言"翻译"为一种更人性化的小众语言，甚至增加未来人机对话实现的希望！

1970 年，博比·拉普安特的发明被发表在集体著作《计算机科学导论：非人类大脑》（*Les Cerveaux non humains, introduction à l'informatique*）中，法兰西公学院（Collège de France）数学物理学著名教授、法国科学院院士安德烈·利希内罗维奇（André Lichnerowicz，1915—1998）也向其致敬，他甚至在里昂大学学习了"bibi 二进制"！罗伯特·拉普安特与博比就好似杰基尔博士与海德先生^①一般（或者颠倒了？）。然而，需要明确的是，罗伯特·拉普安特并没有真正发明以16为基数的数学记数系统，也就是字母数字系统（由字母和数字组合而成的系统）。

要知道，除此之外，还存在其他可能的记数方法，数也数不清。不过，相较于在十进制记数法10个数字的基础上再"添"6个拉丁字母，他更倾向于用自己发明的符号来表示他的16个数字（这些数字还可以用排列成正方形的二进制记数法来表示），一个数字对应一个符号，一个符号对应一个音节。此外，这些数字的图形和发音也不是他心血来潮凭空想象而来的结果。事实上，它们中的每一个都直接源于二进制数位"比特"在方形排布中的位置，而这便是"bibi二进制"的新颖之处。毫无疑问，正是因为博比一心一意想要将这个系统发展为一门真正的语言，才使它如此独具创新，有些敢于尝试的老师如今仍在向学生教授"bibi二进制"。

不得不说，尽管将数字"翻译"为"bibi"语言确实存在困难，但博比为这些数字挑选的发音与他在歌曲中使用的创新词汇有着异曲同工之妙。在他看来，它们比枯燥乏味的十进制语言更加悦耳也更易掌握。如果说"bibi"语言还不能使数学产生革命性的改变，但它至少能为艺术家们带来灵感。

---

① 杰基尔博士与海德先生是19世纪英国作家罗伯特·路易斯·史蒂文森（Robert Louis Stevenson）创作的长篇小说《化身博士》中的主人翁。该书讲述了绅士亨利·杰基尔博士喝了自己配制的药剂后分裂出邪恶的海德先生人格的故事，塑造了文学史上首位双重人格形象。

数字真的是阿拉伯的吗

基数的选择并非全部。人们不仅得用独一无二的符号来表示每个数字，关键还得按照非常明确的规则将这些数字组合起来。我们用来书写数字的记数系统不仅是以 10 为基数的，还是进位制的，即一个数所占的位置和次序不同，其意义也各不相同。这个事实对我们来说是如此明显，以至常常会被我们忽略。比如，数字"1"不仅表示个位，根据它在数中的位置，还代表十位、百位、千位等。10 个数字中的每一个均可如法炮制，确切来说是 9 个，因为正如之前所说，我们要把 0 留作饭后甜点，或者说留给第三章的内容！

这种记数系统从何而来？连我们当中不太擅长数字的人都对它如此熟悉，以至很难想象还能用其他方法来记数。这里，习惯再一次误导了我们——我们自以为了解它的来路，因为"我们的"数字通常被称作"阿拉伯"数字。但这一称呼的由来没有什么特别之处。中世纪时，西欧的知识发展处在漫长的停滞期，与此同时，阿拉伯—安达卢西亚文明却经历了一段科学的黄金时代。阿拉伯学者对古时思想瑰宝的重新挖掘、翻译和阐释使这些瑰宝得以保存下来，并在文艺复兴之初被重新引进欧洲。不仅如此，在阿拔斯王朝哈里发的统治下，研究得到鼓励与推动，尤其在医学、天文学及数学领域取得了重大发现。此外，我们的数学除了内容本身被大量流传下来，还在两个常用术语"代数"和"算法"中保留了对于阿拉伯数学家——尤其是其中举足轻重的一位——的记忆。要想找到我们每天都在使用的记数系统的真正发源地，就得转向世界上的另一个地方：这个地方不是中东，而是印度。阿拉伯数学确实也参与了这次冒险历程，不过，它扮演的是传播者而非发明者的角色。

阿尔·花剌子模：来自阿拉伯的天才

黄金时代的阿拉伯—穆斯林科学在数学领域影响广泛，其代表人物便是穆罕默德·本·穆萨·阿尔·花剌子模（Muhammad ibn Musa al-Khwarizmi，约780—约850）。这一名字来源于他的故乡"花剌子模"地区，即如今乌兹别克斯坦境内的希瓦（Khiva）附近。花剌子模将之前由众多文明——巴比伦、埃及、希腊以及印度文明——发展起来的知识进行了综合，并从印度文明中借来了我们至今仍在使用的十进制记数系统（包括"0"），只是数字符号本身是在经过些许修改后才变成了"我们的"数字现在的模样。他证明了这种记数法比当时所有其他的记数法都更为优越，并且也很方便进行算术运算。

阿尔·花剌子模将其知识汇编进了论著《还原与对消计算概要》（*Hisab al-jabr w'al-muqabala*）中。该论著是数学史上最重要的作品之一，题目中的第二个词"al-jabr"意为"还原、恢复平衡"，即按序排列各项。被翻译为拉丁语后，该词被人们用来称呼"代数学"（algebra）这门学科，而阿尔·花剌子模则对该学科做出了巨大贡献。至于他自己的名字，则在经过翻译及近似音的转写后变得更加难以辨认，但我们在"算法"（algorithme）一词中找到了它。该词最初是指使用印度记数法进行的计算，在被赋予现代意义后，表示建立在自动装置及计算机程序运行基础上一系列按规则进行的重复运算。

自古以来，印度文明在数学发展的方面也同样硕果累累。除了在发明或引入"零"的过程中功不可没，印度还是十进制记数系统的诞生之地。

在对比之下，我们就可以衡量出该记数系统的强大与高效。按照惯例，如今我们仍会在某些特殊情况下使用罗马记数法，比如表示历史时间中的世纪、千年或国王的编号等。这是一种"半十进制"或者说以5为基数的记数系统，其数字与大写拉丁字母相对应。在罗马记数法中，只有个位、十位、百位与千位有专门的符号，另外就是表示5和5的倍数的符号比较特殊——"V"代表5、"L"代表50（或"半百"）、"D"代表500（或"半千"）。与我们的记数系统，也就是由阿拉伯人引进的印度系统不同，这种系统被称为符值相加系统：要组成数，就把符号排列成行，需要多少个就列多少个。不过，人们可以求助于减法记数法来限制数的总长度［例如19就等于10 + 9 = 10 +（10 - 1），通过在第二个10前加上1来表示，即 X I X[1]］。有了这招再加上"半号"，就可以不用连续重复四个以上的字母数字[2]。只要写稍大一些的数字，人们很快便会明白这种记数法的局限性。最重要的是，随着数量级的增加，我们只得不断增加新的符号。事实上，罗马人留下的数学遗产几乎毫无用处，而他们自己也更多是在实际用途中使用这种记数法。

其他文明曾经也采用过进位制系统，比如巴比伦文明和玛雅文明。但当印度记数法刚出现时，大部分数学论著都使用的是诸如埃及或罗马数字那样的符值相加系统：人们将千位、百位及个位上相应的数字按所需数量排列。很快，这些数就变得非常冗长并且读起来也相当费劲。不仅如此，当超过一定限度时，连表示它们都成了天方夜谭。当然，十进制记数法也并非没有局限，假如我们贸然去研究天文数字级别的大数——或者无限小数也一样——那么仅仅将其书写下来所要耗费的时间也很快就会超过一个

---

[1] 即罗马数字19。
[2] 实际上是四个及四个以上。

人的寿命，而对某些数来说，甚至还会超过宇宙的寿命！于是，人们又采用了新的妙招来回避这个问题，比如将数表示为一个小数与10的次方的乘积，也就是所谓的科学记数法。

我们可以将数学记数法的整个发展过程总结如下：使用越来越少的空间书写越来越大的数字！此外，在大部分原始语言和地方方言中，不存在任何词汇用以描述超过一定位数的量；如果超过了，人们就只说"有很多"。

莱昂纳多·斐波那契（Léonardo Fibonacci，约1170—1250），人称"比萨的莱昂纳多"。如果说人们通常将阿拉伯数字——其实是印度数字——传入欧洲的功劳归于他，并认为其著作《计算之书》（*Liber abbaci*）对阿拉伯数字的传播做出了无可否认的贡献，那么其前人吉尔伯特·德·奥里亚克（Gerbert d'Aurillac，约945—1003）——于999年成为教皇西尔维斯特二世（Sylvestre Ⅱ）——发挥的作用也不应被人忽视：他在西班牙的科尔多瓦[①]（Cordoue）——彼时是一个穆斯林哈里发国家——发现了这种记数方法并试图说服基督教世界采用它。尽管他的作品没有一部流传下来，但他似乎并不赞成印度—阿拉伯记数法之基石——零的使用。不过，他对外来数学的偏好非但没有为他带来名望，还给他招来了使用巫术和魔鬼勾结的嫌疑！

俄罗斯套娃般的数

我们已经有了基本的砖块（数字），还掌握了建造的规则（进位系统），

---

① 科尔多瓦：西班牙安达卢西亚自治区的一座城市，也是科尔多瓦省的首府，位于瓜达尔基维尔河畔。阿拉伯人占领西班牙时期，在此建立了科尔多瓦哈里发王国。

现在让我们回过头来看看所有能被造出的数。我们可以将迄今为止所有的已知数——准确来说，是我们目前认知范围内所有可能的数——做一系列的分门别类，让它们像套娃，即著名的巴布什卡[①]或俄罗斯娃娃那样层层嵌套，这样的分类被称为"集合"。每一个集合都包含在一个更大的集合之中，里面除了新数，还有上一个集合中包含的数。

我们已经见过了这些数的第一组集合：自然数（或非负整数），然后是整数，即在自然数的基础上再加上负整数。接下来就是所谓的"有理数"，可以用由两个整数构成的分数（或两个整数之"比"）表示。埃及人对分数已经很熟悉了，尤其是分子（分数线上面的数）为 1 的分数。因此，如今我们仍然将其称为埃及分数[②]。有理数集确实包含了整数集，因为后者也可以写成分数的形式——事实上，每个数都可以表示为无数个分数，比如 7 可以表示为 14/2、49/7[③] 等。

接着便是实数集。除了有理数，实数集中还包含了无理数的集合。稍后我们会看到，无理数并非如我们想象的那般不合常理……

最后，所有集合的集合是复数集，它包含了我们在第一章中已经遇到过的所有数："纯虚"数（即"i"与所有实数的乘积）、实数，最后是由实部和虚部组成的严格意义上的复数，写作"$a + bi$"（其中 a 和 b 是实数）。事实上，纯虚数和实数只是特殊情况下的复数，前者没有实部（$a = 0$），后者则没有虚部（$b = 0$）。

虚数最后才加入数的大部队，将复数集合（别忘了，即所有数的集合）

① 巴布什卡：俄语 "бабушка" 的音译，意为 "老奶奶或老太太"。俄罗斯套娃因与俄罗斯老太太普遍胖胖的形象非常相像而得此名。
② 埃及分数：指分子是 1 的分数，也叫单位分数。古代埃及人在进行分数运算时，只使用分子是 1 的分数。
③ 原文为 42/7，应该是印刷错误。

补充完整。它们在意大利文艺复兴时期被引进。当时，被称为杰罗姆·卡丹（Jérôme Candan，1501—1576）的吉罗拉莫·卡尔达诺（Gerolamo Cardano）和被称为塔尔塔利亚（Tartaglia）——"口吃者"——的尼科洛·丰坦纳（Niccolo Fontana，1499—1557）进行了一场名副其实的数学竞赛，竞赛内容是对所有的三次方程，即含有三次方未知项的方程求解。由于计算时需要对负数进行开平方运算，他们发现自己遇到了"禁忌数"。与两人同时代的数学家拉斐尔·邦贝利（Raffaele Bombelli，1526—1572）迈出了决定性的一步，他赋予这些"禁忌数"以数的地位，使其成为与其他数平起平坐的另一种新数，并称其为"精密数"。勒内·笛卡儿（René Descartes，1596—1650）本不愿使用它们，但最终还是向其高效性低下了头，并将其重新命名为"虚数"。提出用平方值为 – 1 的"i"来表示虚数单位的是莱昂哈德·欧拉，而称复数是由实数和虚数组成的（通过相加）则是卡尔·弗里德里希·高斯。另外，将复数在一个平面中表示出来的想法也出自高斯。

符号从何而来

当然，数字并不是万能的！数学史学家了然于心：在很长一段时间里，数学家相互交流用得最多的还是口头语言！而且有时还很啰唆。事实上，用文字来描述运算、公式和方程，效果往往非常糟糕。因为我们不得不使用繁复冗长的句子对其加以描述，很快就会被搞得晕头转向。显然，这并非长久之计！然而除此之外，还存在另一个大难题：尽管长期以来，欧洲学术界都将拉丁语作为其通用语言，但学术发现还是由于语言障碍被局限在一国之内或一片封闭的区域之中。于是，意识到这些困难的数学家试图将数学的符号体系从单纯的数字领域扩大到数字运算领域。如此一来，"＋"和"－"这两个最简单的运算符号便在文艺复兴时期应运而生了。

如今为我们所通用的等号（＝）还得再等上一段时间才会出现，因为笛卡儿本人当时仍在使用另一个符号表示相等。这个符号如今已经被废弃了，它像极了另一个符号的阉割版本，那就是无穷符号！[①]

接着还有表示方根的符号："$\sqrt{\ }$"代表平方根，对于次数更高的方根，则在上部再加上一个数字。幂的写法采用了字体排版中的设计，即将指数缩小后放在比其他数字[②]更高的地方。而缩写则使某些函数的书写变得更加简单快捷，比如用"cos"表示余弦、"sin"表示正弦、"log"或"ln"表示对数等。最为荒唐的是，人类花费了好几千年的时间才成功发展出卓有成效的记数系统，而现在字母却又反过来取代了数字！不过，这种取代并非毫无章法。

字母与数字的对决

用字母表中的字母来代替某些给定量的做法要归功于一名法国数学家（喔喔喔[③]！）。人们对于这种做法已经习以为常，几乎用不着思考，无论是变数还是常量都能被字母替代。正如我们之前所见，这种方法使人们得以将总体上形式相同的算式、函数或算术看作一个整体来运算：如果我们

[①] 笛卡儿本人当时使用的等号形如"∝"。

[②] 指底数。

[③] 法语原文为"cocorico"，代表雄鸡啼鸣的声音。法国人用该词来表示对法兰西民族的自豪之情。

改变了数字——通常有确切的限制——而得到的却是相同的结果，那么相比徒增样本，将给定算式或方程中所有可能的数字替换为字母则更为方便。博物学家（如今的生物学家）可以直接谈论哺乳动物、猫科动物或狮子，而不必一一介绍各群体中的每个个体。同样，数学家也可以如法炮制，将二次多项式、线性函数或者丢番图方程①的所有可能应用归纳为一系列的字母、数字及符号，然后再对其进行思考。

16 世纪时，本职为律师的数学家弗朗索瓦·韦达（François Viète，1540—1603）引入了符号代数。这一创新对数学的进步有着决定性的意义，它促进了代数学的发展，标志着数学在抽象的道路上又迈进一步。韦达的符号系统还远远不够完善，而且对书面语言——这里指拉丁语——也太过依赖。经过后人的改进，这套记法最终在勒内·笛卡儿的手中定型，几乎与我们如今仍在使用的形式相同。规定用字母表的最后几个字母（x、y、z）表示变数、前几个字母表示常量的人也正是笛卡儿，而韦达此前的选择则与其相反。

如果你认为数学符号的条条款款既枯燥无味又令人费解，那你真该去看看文艺复兴时期之前的数学文本。那时，人们通过一种语言不厌其详地将所有运算描述下来，其晦涩程度丝毫不亚于将其取代的数学符号。如此一来，你就知道我们欠了韦达以及其他以笛卡儿为首的数学家们多大一份人情了！

---

① 丢番图方程：又称"不定方程"，是指未知数的个数多于方程个数，且未知数受到某些限制（如要求是有理数、整数或正整数等）的方程或方程组。丢番图方程的名字来源于 3 世纪希腊数学家亚历山大城的丢番图，他曾对这些方程进行研究，并且是第一个将符号引入代数的数学家。丢番图方程的例子有贝祖等式、勾股定理的整数解、佩尔方程、四平方和定理等。

通用语言

有了全套符号的加持，数学似乎终于完全摆脱了言语的束缚。诚然，学者们在进行证明、解释或讨论时仍需借助大量的言语表达，但两名原本一个字也无法交流的数学家现在却能将算式、结论和推理过程传达给对方了。对某些人来说，这还不够，他们有一个贯串了整部数学史的梦想，那就是建立一种涵盖所有语言，甚至表达一切陈述、一切语句的数学形式系统。

你可能会说："这些数学家真是一群疯子。"或许吧，但他们都是逻辑性极强的疯子！既然万物皆数，既然没有什么是不能通过强大的数学来解释的，那为什么不更进一步，想办法用数学符号系统将现有的语言取代呢？这种通用的数学符号系统就像是一种由数字、字母和符号构成的世界语，它的字母相互分离，不构成任何已知单词，其符号也是变化多端、千奇百怪。它不仅有望打破语言的障碍，推翻由此产生的世界巴别塔[1]，还能一举消除人类语言中语义不明或一语多意的现象。总之，就是使谈论同一件事的两人交流起来不会感到不清不楚、模棱两可。

尝试建立这种符号系统最有名的案例之一来自戈特弗里德·威廉·莱布尼茨（Gottfried Wilhelm Leibniz，1646—1716）。他创立出了一种被其称作"通用表意文字"的系统。莱布尼茨的大脑是人类史上最为聪慧的大脑之一，其掌握的学科之多、涉及的领域之广，足以让人目瞪口呆。因此，这个野心勃勃的计划从他的脑中酝酿而出也并不让人感到意外。

---

[1] 巴别塔：《圣经·旧约·创世记》第 11 章故事中人们建造的塔。根据篇章记载，当时人类联合起来兴建希望能通往天堂的高塔；为了阻止人类的计划，上帝让人类说不同的语言，使人类相互之间不能沟通，计划因此失败，人类自此各散东西。此事件，为世上出现不同语言和种族提供了解释。

全能型天才莱布尼茨

虽然莱布尼茨在他那个时代相对来说已经很高寿了（70岁逝世），但人们还是很难想象一个人如何能够进行如此大量的思考，撰写如此之多的作品，工作得如此卖力！他贪婪的好奇心在各个领域中来回刺探，不管是其思想成果之丰硕还是涉足领域之多样都同样引人注目。

尽管他的智力非同寻常并且很小就天赋外露——12岁时，他就通过自学掌握了拉丁语——但他对数学产生兴趣时年龄已经相当大了。不过，他很快便脱颖而出，成为行业内的顶尖人物，在无穷极数的计算方面尤为出众。

作为柏林科学院的第一任院长，莱布尼茨曾与和科学院并驾齐驱的英国皇家学会闹翻。后者的时任会长是莱布尼茨的对手英国物理学家艾萨克·牛顿（Isaac Newton，1643—1727），两人曾就谁发明了微积分的问题发生过激烈的争论。作为哲学家，莱布尼茨发展出"单子论"①这一独创理论，该理论超前地体现了——尽管是以一种纯思辨、纯形而上学的方式——现代的原子思想。另外，他还因乐观主义受到伏尔泰的嘲讽。这种乐观主义在其作品《神义论：关于上帝之至善、人类之自由与罪恶之起源的论文》②（*Essais de théodicée sur la bonté*

---

① 单子论：德国哲学家莱布尼茨创立的哲学学说。他认为，构成世界万物的基础是不具广延的、无限的、不可分的、能动的精神实体——单子。单子是独立的、封闭的（没有可供出入的"窗户"）。然而，它们通过神彼此互相发生作用，并且其中每个单子都反映着、代表着整个世界。莱布尼茨的单子论揭示出人类意识的本性、机能和发展过程。

② 神义论：神学和哲学的分支学科，主要探究上帝内在或基本的至善（或称全善）、全知和全能的性质与罪恶的普遍存在的矛盾关系。这个术语来源于希腊语 theos（表示"上帝"）和 dike（表示"义"）。神义论尝试在罪恶存在的前提下正面提供一个理论框架来说明上帝的存在在逻辑上的可能性。虽然早期对这个问题已有各种回应，但是"神义论"作为一个神学术语直到1710年才由莱布尼茨在该书中首次提出。

de Dieu, la liberté de l'homme et l'origine du mal）（1710）中表现最甚，根据书中的观点，我们所居住的世界是"所有可能世界中最好的一个"——这种多元世界的论述再次与最新的科学发展不谋而合，在物理学上，我们称其为"多重宇宙论"。

莱布尼茨同时还是矿业工程师、外交家、经济学家、历史学家、地质学家、博物学家和诗人。身为博物学家，他是开创进化论的先驱人士；作为诗人，他用无可挑剔的法语创作出了首首诗文——不得不说，法语在当时是所有外交官和欧洲杰出朝臣的共同语言。另外，他还在发明第一台计算机的漫长道路上起到了决定性的作用。

莱布尼茨为数学深深着迷，同时也对语言无法自拔，尤以中文及其表意文字为甚。这种文字既能表示声音，又能表示完整的词语，还能表示概念。莱布尼茨在青少年时期就研究过拉蒙·柳利（Raymond Lulle，1232—1315）的"逻辑机"，并在 20 岁时为此撰写了自己的第一篇哲学作品[①]。怀着发展通用语言的愿望，莱布尼茨试图将所有对其产生影响的内容都囊括进他的"通用表意文字"之中，并以此建立一个总的字母表。通过这个字母表，人们甚至能表示出所有可能的或虚构的概念！他的基本观点是：单一的概念可以用质数来表示，那么复合的概念就可以用质数的组合或乘积来表示。此外，他还将音节与字母一一匹配并以此提出了一种新的读数方法——与博比·拉普安特"bibi 二进制"中的点子不谋而合！最终，面

---

① 即《论组合的艺术》（*Ars generalis ultima*）。这是一篇关于数理逻辑的文章，其基本思想旨在把理论的真理性论证归结于一种计算的结果，认为一切推理、一切发现，不管是否用语言表达，都能归结为诸如数、字、声、色这些元素的有序组合。

对这项任务的体量和复杂程度，莱布尼茨只好选择放弃。不过，他形式化另一种语言的过程就顺利多了。或许莱布尼茨当时并没有意识到这种语言的潜力，但几年之后，该语言几乎实现了他建立通用字母表的梦想，它就是二进制数字系统。

不管是在莱布尼茨之前还是之后，都有人想到可以将所有知识建立在数学推理模型及其一系列不容置疑的演绎之上。伟大的哲学家巴鲁赫·斯宾诺莎（Baruch Spinoza，1632—1677）就于莱布尼茨之前建立了伦理学，这是其思想的核心内容，他去世后，该内容被收录在其著作《遗著集》（Opera Posthuma）中。全书按数学论文的结构撰写而成，其中含有公理、证明及演绎。不过，它仍然没能挣脱人类语言的枷锁。

自亚里士多德以来，三段论就一直在逻辑史上占据着绝对的主导地位，19世纪，一场逻辑代数革命将这种模式打破。那些革命领头人认为使用自然语言会带来歧义，一心想要摆脱这种束缚，于是，他们绞尽脑汁，希望能用一种数学符号体系来完整演绎逻辑学。除了乔治·布尔（George Boole，1815—1864）、戈特洛布·弗雷格（Gottlob Frege，1848—1925）、阿尔弗雷德·诺斯·怀特海（Alfred North Whitehead，1861—1947）和伯特兰·罗素这些大名鼎鼎的人物，我们还在这群逻辑代数的拥护者中发现了一个意想不到的人物。对于这个人物，后人记住的更多是他署名为刘易斯·卡罗尔（Lewis Carroll，1832—1898）的小说，及其天马行空的想象力，而不是查尔斯·路特维奇·道奇森（Charles Lutwidge Dodgson）教授——他的官方职务——对数理逻辑认真而严肃的研究。

刘易斯·卡罗尔：镜中世界里的数学

查尔斯·路特维奇·道奇森供职于著名的牛津大学基督教堂学院，是该学院的数理逻辑教授，他的父亲是一名圣公会牧师，他自己则是教会的执事。他腼腆得近乎病态并且还罹患口吃，这似乎是一种家族遗传，因为他的六个兄弟都有此毛病。为了逗学院院长的女儿爱丽丝·利德尔开心，他创造出了一个个如梦似幻、荒诞不经的世界，并藏匿其中，由此将英国味十足的无厘头（nonsense）艺术（荒诞幽默）推到了前所未有的高度。

他先是以真名出版了几本关于代数与逻辑的图书，又以笔名刘易斯·卡罗尔——将他的两个名字转化为拉丁语后再进行颠倒和变形而得——出版了《爱丽丝梦游仙境》（*Les Aventures d'Alice au pays des merveilles*）（1865）及其续集《爱丽丝镜中世界奇遇记》（*De l'autre côté du miroir*）（1872），以及长篇叙事诗《蛇鲨之猎》（*La Chasse au Snark*）（1876）。其中，前两个故事最初是为小爱丽丝所作，后来则成了世界名著。当时，大家只知道他著有以上三部作品，但在他出版《一个纠结的故事》（*A Tangled Tale*）（1885）一书后，公众又发现了他个性中的另一面。在这本书中，刘易斯以讲故事的形式阐述了数学领域的难解之谜。后来，他又借着自己的名望，尝试用一种通俗的方式来传播自己对于逻辑学的见解，但并未获得太大成功。他的两部逻辑学相关作品——《逻辑游戏》（*The Game of Logic*）、《符号逻辑学》（*Symbolic Logic*）——以及其他篇幅较短的文章被翻译成法语，收录在一本名为《轻松逻辑学》（*Logique sans peine*）的作品当中。该作品由超现实主义画家马克斯·恩斯特（Max Ernst,

1891—1976）配图［由巴黎赫尔曼出版社（Hermann）1966年出版，1992年再版］，这对刘易斯那些鲜为人知的作品来说，可谓一种绝佳的介绍。

　　刘易斯之所以在他的小说中创造出与现实脱离的荒诞世界，是否只是为了逃离枯燥无味的数学教师生活，逃离他所教授的冰冷无情的逻辑学呢？事实上，逻辑学家道奇森与童话作家卡罗尔之间存在着一种紧密的联系。他的小说远不止是青少年的消遣读物——尽管这样就已经很不错了，而且他的作品也的确妙趣横生——它们就像寓言小说一般，字里行间满是暗喻，就连那些"胡言乱语"都极为严密、极富逻辑。那些在小说中随处可见的悖论是否说明了逻辑的终点就是疯狂呢？还是意味着将普适的原则运用到荒诞不经的假设当中也同样奏效？又或者是语言的不完美破坏了逻辑本身的完美？还是我们身处的世界原本就不太合乎逻辑，也不遵循理智，只有孩子才记得什么是常理？要想得到答案，就试着去追逐白兔吧（如果你能追的话！）……

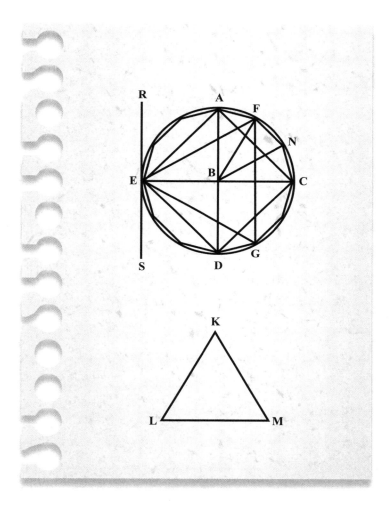

图为道奇森 12 岁时所画的关于直角的三等分

第三章

与众不同的数字：零

每当看见数字1，我都非常想要帮它逃跑……因为它的身后总是跟着一个想要将它逮住的零。

——罗曼·加里（Romain Gary，1914—1980）

　　数字的种类繁多、丰富多样——并且无边无际、无穷无尽——现在，让我们将注意力集中在其中几个地位极为特殊的数字上。它们在历史进程中——你们将会意识到数字是有历史的——为自己赢得了一圈神秘的光环，单凭自身的力量就带动了数百年的数学发展与思考，它们催生出证明与应用，激发起妙想与沉思，引发了论战也带来了进步。我们只考虑其中之三：0、圆周率（π）和"黄金数"（ϕ）。这三个小小的符号引发了人们诸多的讨论，并且可以肯定的是，它们还将持续获得人们的关注！

　　现在就让我们从"零"谈起吧……

喧喧嚷嚷只为空

我们的十进制记数系统由十个数字组成，其中，只有九个出现在中世纪末期。要让人们接受第十个数字已经相当困难了，更别说是在以亚里士多德的思想为主导的中世纪欧洲。一定要说，"零"这个数字以及它独自出现时所代表的数并非"等闲之辈"，它扰乱了人们的思想，挑战着人们的信念，使人们开始怀疑自己所坚信的东西，无论在哲学领域、宗教领域还是数学领域均是如此。

如果考察"零"的词源，我们几乎可以说零就是数字的"总称"，从某种意义上来讲，就是数字的"数字"。事实上，它源自梵语"sunya"，意为"空"或"虚无"，随后在阿拉伯语中被译为"zifr"，并由此衍生出拉丁语的"zephirum"，经意大利语翻译后变为"zepiro"，简化后成为"zero"，也就有了法语的"zéro"……不过，让我们顺便回想一下，除了记数系统中的数字，"chiffre"这个词在不同语境中还可以表示"密码"！

两个零？

第一个在数字中加入零的并非印度人。公元前 2000 年，巴比伦人从苏美尔人——另一个更为古老的美索不达米亚文明——手中接过了他们的数字系统。这套系统源自人们认知范围内最为古老的文字——楔形文字。不过，巴比伦人将其简化到了极致，仅用两个数字符号来表示所有的数，其中钉形符号代表个位数字，楔形符号代表十位数字！除此之外，他们还在其中加入了一个与众不同的符号——两个倾斜的钉形符号（见图1）——来表示数值中空缺的某个数位。

图 1

公元前 1000 年后半叶，玛雅人也做了相同的事情，他们甚至还奢侈地拥有两个零：第一个是基数零，与古巴比伦人的零一样，起占位的作用，用来表示数值中空缺的数位；而第二个零（或序数零）则只在他们的历法中使用，用以表示 19 个月中每个月的第一天（有 18 个月为期 20 天，1 个月为期 5 天）。玛雅人往往用一个形如贝壳的符号来表示基数零，不过，也存在其他的变体符号，诸如花朵或者单手拖住下巴的滑稽人脸；而表示序数零或历法零的符号则更为不同。

其实，零对于所有进位制记数系统来说都很必要。为了更易于理解，让我们以熟悉的十进制系统为例：如果没有零，要如何表示704这种十位为空的数并使之与74相区别呢？我们当然可以在两个数字之间打上一个空格（"7 4"），但这样仍然可能出现歧义，将空格替换为一个点（7.4）就能将两个数值区分开来。但如果引入零，就可以避免与含有逗号或点的小数①相混淆。因此，我们别无他法，只好来发明一个零。

另外，巴比伦人和玛雅人的零只起单纯的分隔作用，用来标记未被其他数字所占据的数位，不可与真正意义上的数字等量齐观，因为单独出现的零没有任何意义，更不能直接参加运算。能够单独出现的只有玛雅人的"第二个"零，但它也只用于历法，不用于计算。我们可以说这些文明"发明了"零这个数字（或其等价物），但使零成为数中一员的还是印度的记数系统。也是从那时开始，一切都变得复杂起来。

于是有了零

印度人似乎也并没有立刻就将零引入十进制记数系统。有证据显示，十进制系统中的其他九个数字早在1世纪时就已出现，而"sunya"（零）的第一次出现却得追溯到458年，也就是5世纪时的一部论著《宇宙的组成部分》（*Lokavibhâga*）之中。然而，还得再等两个世纪，直到印度科学硕果累累的那个时期，零才在当时两名最为伟大的人物手中真正成为名副其实的数，他们便是数学家及天文学家婆什迦罗Ⅰ（Bhāskara Ⅰ，7世纪，但确切年代不详）及婆罗摩笈多（Brahmagoupta，约588—约660）。629年，前者在对一本天文学论著进行注解时第一次用一个圆圈记下了零的写

① 法语中的小数点用"，"表示。

法，同时，他还在该注解中首次以真正科学的方式使用了十进制记数法；后者则在某种意义上，通过其主要作品《婆罗摩历算书》（*Brāhmasphu tasiddhānta*）（628）为零提供了一张"身份证"。他对零下了一个相当简单的定义：任意一个数减去自身所得到的结果。另外，最为重要的是，他还详细说明了当人们将这个与众不同的数置于基础算术运算中时，它会有怎样的表现。

当零加入计算时，能让人找不着北！这无疑就是人们排斥甚至忌讳零出现的首要原因。零的这一特性同与其对立而置、亦敌亦友的孪生兄弟"无穷大"如出一辙，它们就好似一枚勋章的不同两面。

事实上，任何一个数值加上或减去"0"后，它都不会发生改变。顺带补充一下，负数和零是在同一时期被引入的。更为奇特的是，零是仅有的一个加上（或减去）自身后数值不会发生改变的数。尽管零表现出了其独树一帜之处，但至此人们仍然认为零并没有什么太大的意义，因为它什么也没"做"①。但在乘法运算中，情况就变了：零与任意数的乘积都得零，连它自己也不例外，就好像它能抵消掉与之相乘的一切！我们开始明白，零可把我们的数学家先辈吓得不轻。而且，他们什么都还没有看到，因为我们要把最好的东西留到最后：如果一个数除以零会发生什么呢？

可以将零作为除数吗

用切实具体、让人想象得到同时也便于理解的语言来表达，除法就是

---

① 作者在这里使用的是法语单词"faire"，一语双关。该词既有"做"的意思，也可以在口语中表示"等于"。在这里意为"零什么也得不出来"。

把某一数量均匀分割或分配成一定数目的几份，或者大小相同的"几包"。如果除数为 2，就是分成两份或"两包"。如果除数为 1，我们则仍然保留那唯一的"一包"，并且大小不变。但是，除数为零是什么意思呢？

我们可以尝试着这样思考：除数（用来除的那个数）越大，得数（或商）越小；反之，除数越小，商则越大。通常来讲，如果我们除以 1，便能得到商的最大可能值，因为它与被除的那个数（或被除数）相等。但如果除数小于 1 又会如何呢？我们在学校里学过，这就相当于一个乘法运算，只要把除数转化为分数，就可以知道其乘数。让我们来举一个简单的例子：一个数除以 0.5 应该如何运算呢？我们只需要将 0.5 写成其分数形式 1/2，再取其分母，这里也就是 2，如此一来，除以 0.5 就变为乘以 2。很好，那除以零的话，又应该怎么做呢？让我们继续最初的推论：除数越小，得数就越大。当除数小于 1 时，得数就"超过"了起始数，用标准的数学行话来说，即商会大于被除数。如果我们继续下去，随着除数减小，商也会越大。诚然，按照定义，人们再也找不到比零更小的除数了！但你还是会说，负数不就比零小吗？

但这种反驳并不成立，虽然负数改变了商的符号，但从数量（绝对值）上来看，其结果并没有改变。为了阅读便利，让我们用分式来表示除法：$1/2 = 0.5, 1/{-2} = -0.5, -1/2 = -0.5$；同理，$1/0.5 = 2, 1/{-0.5} = -1/0.5 = -2$。因此，如果我们用任意一个数除以负数，不管这个负数有多小，不管我们得到的结果是否为负，该结果的绝对值（尽管已经非常大了）都会比这个数除以零得到的结果"小"。

总的来看，还有更让人震惊的：任何一个数（或者几乎是任何一个数，我们马上就会看到）除以零都会得到无穷大！瞧，我们刚才已经说过，零和无穷两者联起手来，能把数学搅得如一团乱麻！

零让托托头晕目眩

不过，更让人头疼的是：零自身除以零会得到什么结果呢？现在，我们不得不将推论上升到抽象的范畴，同时也明白了，由于这已经不再是普通计算的安全地带，因此哪怕是当时最具智慧的人也会有些惊慌失措。

零是魔鬼之数，诡计多端，连其伟大先驱——来自印度的婆罗摩笈多都不免被它愚弄。婆罗摩笈多曾经确实断言，零除以零等于……托托的脑袋！好吧，你赢了。除了……事实并非如此！但从理论上来讲，这个结论并不会让人感到气愤，因为不论除数或乘数为何，零始终是零。零的乘方——让我们回忆一下，也就是说一个数乘以自身——也等于零。那么当零的除数是自身时，又有什么不同呢？不过，婆罗摩笈多推论的着眼点是第一个零，也就是作为被除数的那个零，或者说将除法化为分式"0/0"后，位于分数线上方作为分子的那个零。如果以第二个零，也就是分数线下面作为除数或分母的零为出发点思考的话，结果又会怎样呢？正如我们所见，任何数字除以零都会将我们推向无穷大。那当零自身除以零的时候，又何来不同呢？这正是另一位印度数学家婆什迦罗 II（Bhāskara II，约 1114—约 1185）——不要将他同与其同名的婆什迦罗 I 相混淆，后者生活于 7 世纪，与婆罗摩笈多是同时代的人，由他提出的零的写法一直流传到了今天——得出的结论，这个结论与婆罗摩笈多的结论截然相反。他认为，任何数除以零的结果都是无穷，零除以零也不例外。

但是，婆罗摩笈多和婆什迦罗 II 谁才是正确的呢？两人都不正确！事实上，0/0 的结果是不确定的，我们无法对其进行计算。因此，这种表达在数学上是没有意义的。

经过了很长一段时间，零才被引进西欧并被西欧人采用，而这不单是因为人们在将零引入代数运算的过程中遇到了困难。在这里，零与无穷之间密不可分的关系再一次得到了体现：希腊思想家们对这两者都怀有同样的厌恶之情，其中尤以亚里士多德为甚。当时，人们对他极度崇拜，这种对零的恐惧也随之延续到了基督教统治下的整个中世纪时期。即使在斐波那契从阿拉伯人那里学来印度记数法并大为推广后，人们对它们的抵触也顽固依旧：1299年，阿拉伯数字的使用在佛罗伦萨市内遭到禁止，理由是只消轻轻一笔，零就能被轻易更改成"6"。不过，这种记数法体现在计算中的便利之处——不用借助算盘或其他计算工具，在纸上就能直接进行计算——打破了这些偏见，而且想要用它，还非得有零才行。于是，零便征服了欧洲，随即又征服了世界。

然而，人们却并未完全克服对零的恐惧。例如，人们更喜欢将"0层"说成是"首层"①。在记载年份时，我们也从不会以"0年"作为开始，这就解释了为什么在确定世纪时，人们总要在百年的基础上再加一个"1"（千纪也是如此）。

---

① 法语原文为"Rez de chaussée"，相当于中国楼层的"第一层"。

托托

　　在法语文化中，托托是一个众所周知的典型人物，通常被塑造成坏小子或者吊儿郎当的懒笨学生的形象，作为主人公出现在以学校为背景的笑话中。而"托托的脑袋"则是一个儿童游戏，玩法是用画人脸（脑袋）的方式来表示 $0 + 0 = 0$ 这一算式，边画边说"零加上零等于托托的脑袋"。其中，前两个"0"分别代表托托的两只眼睛，"＋"代表托托的鼻子，"＝"代表托托的嘴巴，最后得出的"0"就是托托的脑袋的轮廓。在俗语中，人们也用"托托的脑袋"来指代"0"。

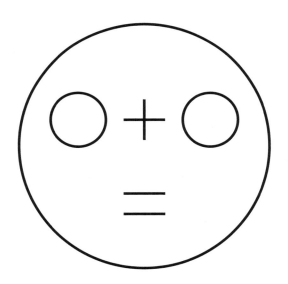

第四章

与众不同的数字：π

我多么想使聪明的人学会一个有用的数字啊！

——莫里斯·德塞夫（Maurice Decerf）

　　正如我们所见，零经过了令人难以置信的漫漫长路，才成了名副其实的数：它在中世纪时就已出现，一直到文艺复兴之初才被真正引入受基督教统治的西欧世界。相反，我们现在所涉及的这个数自古希腊时期以来就为人所知、受人所用，一直是人们计算、研究的对象。

　　这个数是圆周或者说圆的周长除以其直径所得的结果，这也是人们用希腊字母"π"（Pi）（圆周率），也就是我们的字母"P"——"周长"（perimeter）的首字母——来表示它的原因。不过，这种写法并不能追溯到古希腊时期。古希腊人虽然对"π"的性质进行了大量研究，并且还首次计算出了它的近似值，但并没有发现这个数。在这个貌似简单的数的背后，隐藏着宝贵的（数学）财富（不过我们也不要太过激动）以及无底的深渊。

遥远的圆周率

圆周率向人们提出的一个挑战难度不大，那就是……计算它！

我们将圆周率表述为圆的周长与其直径的比值，但我们也可以将相应圆盘的面积（圆圈内的面积）与其半径的平方相除（直径是半径的两倍）来得到圆周率。毫无疑问，埃及数学家就是通过这个公式与圆周率相识的。事实上，人们发现，在历史上最早的数学文献之一《莱因德纸草书》（*le papyrus Rhind*）——以一位埃及学者的名字命名，他在 1858 年获得了这份文献——中，埃及人为计算圆周率做出了首次尝试。

公元前 19 世纪，一位名为阿默斯（Ahmès）的书记官将《莱因德纸草书》抄写了下来 [因此它也被称作《阿默斯纸草书》（*papyrus Ahmès*）]。在该文献中，人们大致计算出了一个圆的面积并由此得到了圆周率的近似值，用小数表示即为：3.16049（见图 2）。不过，古希腊最为杰出的学者之一阿基米德确实是通过计算圆的周长估算出圆周率的。这也是对圆周率最为精确的一次估算，所达精度在当时那个时代相当了不起。

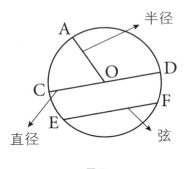

图 2

受尼多斯的欧多克索斯"穷竭法"的启发，阿基米德使用内接多边形（位于圆的内部）和外切多边形（位于圆的外部）将圆周框住，以此来逼近圆周，从而计算其周长。多边形边数越多，也就与圆越接近。当阿基米德按此推论将多边形的边数增至96条时，他得出结论称圆周率的值介于3.1408到3.1428之间。在如今可能达到的最高精度下，我们将圆周率的前几位确定为3.14159265。不过，要知道，这个数据是人们在计算机的帮助下，通过各种复杂得多的方法得来的。因此，阿基米德能以0.03%的误差计算出这样的结果可谓誉望所归！

违背理性之数？

不过，为什么要像这样围着圆周率打转呢？为什么估算不断变得越来越准，小数点后面的数字越来越多，却始终得不到一个精确值呢？这是因为圆周率从属于一个极为特殊的类别：无理数集。

这意味着什么呢？意味着这个数与理性不符，不合道理？并非如此。

这种称呼只是说明它不能用比，也就是整数的分数形式来表示（拉丁语为"ratio"）。毫无疑问，人们发现的第一个无理数是 2 的平方根（$\sqrt{2}$），和圆周率一样，它也可以用非常简单的几何方法来表示：它是边长为 1 的正方形的对角线长度。

根据数学史上那些充满戏剧性同时又无可考证的传说之一（我们在本书中会遇到其中几个），公元前 6 世纪时，来自梅塔蓬图姆[①]（Métaponte）的毕达哥拉斯学派数学家希帕索斯（Hippase）因为发现了超越数[②]"$\sqrt{2}$"这个不可言说的真理而被同学派的门人扔进了海里（也有版本称是他自己跳进了海里）！必须说的是，毕达哥拉斯和他的追随者们没有拿数来开玩笑（因为这个哲学—数学学派简直就像一个宗派）。即使人们不确定毕达哥拉斯本人在历史上是否存在——这得追溯到古希腊最早的那个时期，那时的传说和历史既混乱又模糊——但其基本的哲学理念还是与他的名字挂钩的：万物皆数，一切都可以表示为数以及数与数之间的关系。如果说这种信念既可以给数学家及物理学家伽利略带来启发，又可以使最为晦涩的数秘术[③]获得灵感，那么今天，它也仍然能够在研究者的心中扎根，成为他们工作的动力及最终目标，并且这样的研究者还不止一位。

[①] 古希腊城市，即现今意大利马泰拉省贝尔纳尔达镇的（意大利语：Bernalda）巴西利卡塔大区（意大利语：Basilicata）境内。

[②] 在数论中，超越数（transcendental number）是指任何一个不是代数数的无理数。只要它不是任何一个有理系数代数方程的根，它即是超越数。最著名的超越数是 e 以及 π。但这里怀疑作者说法有误，因为 $\sqrt{2}$ 是方程 $x^2 - 2 = 0$ 的其中一个解，因此它应该是一个代数数而非超越数。

[③] 数秘术：指物象化成数字的占卜。早期数学家对数秘术有所研究，例如毕达哥拉斯认为数学可以解释世上的一切事物。他认为一切真理可以用比率、平方及直角三角形去反映、证实。圣奥古斯丁则写道："数字是神提供给人用来确认真理的宇宙语言。"不过，现代数学已不再将数秘术视为数学的一部分了。数秘术与数学在历史进程中的关系变化，类似于占星学之于天文学，或炼金术之于化学。

将数分类会如何

是时候休息一下了。之前我们讲到，圆周率等于一个圆的周长与其半径之比。于是，这个关于它的小故事就这么拉开了帷幕。不过，直到方才我们才了解到，圆周率是一个无理数，因此无法用分数的形式精确表示。这不是自相矛盾吗？

完全不会，这仅仅说明这个圆周长与半径之比不能表示为两个整数的分数。举个例子，如果我们为圆的直径取一个整数值——让我们来简化一下，假设直径为 1，即一个单位——那么它的周长就不可能是一个准确的值，因为它的周长将会等于圆周率，而我们知道，圆周率不是一个整数。因此，无论一个圆的直径为何值，只要它是个整数，我们就只能通过这个整数估算出周长的近似值。

先让我们回头再看看数的分类。在实数中，除了整数，我们还能找到有理数，它可以被写成分数，即两个整数之比的形式，也可以被表示为小数，即带"小数点"的数。小数这种表达本身是有限的，比如 1/2 这个数就正好等于 0.5。但真正的有理数被写成小数后也可以是无限的：我们可以在小数点后面无限地添加数字，虽然得不到准确值，却可以不断向其靠拢。就拿 1/3 这个简单的分数举例，将 1/3 表示成小数是 0.33333333，并且我们还可以在后面添加无数个"3"。有的有理数还可以被表示成无限但是循环的小数：小数点后的数字会无限重复同一个序列（比如 1/37 就等于 0.027027027027……）。因此，所有的有理数在被写成小数后不是有限的就是循环的。

一个无解的……谜团

让我们回到我们的圆周率。无理数不能被简化为分数，但它像所有其他实数一样，可以用小数来表示。而且，这个小数不仅是无限的，还是不循环的：至少到目前为止，我们还没有发现其中有任何重复的序列或有任何规律可言。这一特性会带来惊人的后果。例如，被写成小数后的圆周率极有可能包含所有可能的以及人们能够想象到的数字序列！虽然这个结论既没有被证明也未得到证实，但数学家们非常怀疑事实就是如此。这就是所谓的"猜想"，之后我们还会遇到其他的例子。有时，需要历经几个世纪的时间，才会有数学家证明出一个猜想或将一个猜想变为定理。

只能说，到目前为止，我们总能在写成小数的圆周率中找到所有我们要找的数字序列。你会说，能在里面找到任何数字序列也不是什么特别的事，因为这个小数是无限的。

然而，这可一点也不简单，通过一个想象而来的数，一种由圆的不同度量构成的"简单"几何关系，就能囊括所有可能的数字组合，这可能比无穷还要更加不可思议。难怪人们会给圆周率罩上神秘的光环，而有些人还在其中看到了解答宇宙最大奥秘的关键！

那欧米伽呢

有很多像圆周率一样的无理数吗？是的，如果实数是一座冰山，无理数就相当于冰山的水下部分：与分数不同，大部分无理数都不能为我们所"见"，除非它们像圆周率那样，与具体的公式、几何关系或代数关系相对应。不过，实数集（无限的）中绝大部分的数都是无理数。事实上，无理数要比有理数"多"无数个（不过，当我们冒险进入无穷的领域时，常识的指南针就会颠东倒西了，这一点我们将会在后面看到）。也就是说，对于这个同时也被称为"连续统"的集合，我们对它的了解还微乎其微。

比圆周率（π）更为强悍的数是"欧米伽"（Ω）。欧米伽又被称作"蔡廷常数"，它由阿根廷裔美国数学家及计算机学家格里高里·蔡廷（Gregory Chaitin，生于 1947 年）提出，其值等于一个计算机程序停止运行的概率。这是一个"不可知"的实数，或者准确来说，是一个不可计算的实数。也就是说，人们连计算它的方法都不得而知，哪怕进行估算都不可能，也没有可以付诸计算机程序的算法。"构造"欧米伽的唯一方法就是——一个数字一个数字地将它书写下来！对于这样一个没有任何结构，也毫无任何规律可言的数，人们无法预料其展开之后的样子。此外，它和圆周率还有一个共有的特性，这个特性又定义了另一个数集，即圆周率所属的数集：超越数集。

圆周率的超越性

似乎没有什么能够阻挡圆周率膨胀的欲望：它不仅是个无理数，能不断"生成"新的小数序列，同时，它还是一个超越数。"超越"在这里又是一个具有迷惑性的数学词汇——必须承认，它们有时确实有些浮夸！——其含义与哲学、神学，或传统神秘主义中所说的"超越性"并无关联：超越数并非来自另一个世界的数，它既不存在于更高层次的宇宙空间之内，也不存在于其他任何超自然的世界之中——或者即使存在，它也不比其他的数更为"超越"！

这里的"超越"含义非常确切，它指一个实数不为任何整系数多项式的根，或者不是代数数。这是什么意思？我们已经了解到，多项式是一种表达式，其变数（未知数）的次方不同，且每个变数都与一个常数也就是系数相乘，在这里系数为整数。如果我们能够证明某给定数的值不能使这样的多项式等于零，就能得出该数不是代数数，而是超越数的结论。

1873 年，法国人夏尔·埃尔米特（Charles Hermite，1822—1901）就证明了"*e*"的超越性——"*e*"也是一个非常特殊的数，它是自然对数的底数（也称纳皮尔对数），但同时也在许多其他的算式、定理以及计算中抛头露面。埃尔米特认为，圆周率的超越性要比"*e*"的超越性难证明得多。不过，十年不到，德国人费迪南德·冯·林德曼（Ferdinand von Lindemann，1852—1939）就参照他的方法，于 1882 年成功证明出了圆周率的超越性。

自埃及数学家第一次提及圆周率以来，直至今日，为了不断接近这个神秘之数，其后继之人发明了大量的方法、公式及巧思妙计。人们一边围着它兜兜转转一边朝着它靠拢，却始终无法得到它的精确值。得益于计算机技术的发展，圆周率小数部分的长度已经达到了一个巅峰水平。然而，对于圆周率最高精确度的探索，对于其所能达到的最大长度的追寻，必定还将无止境地继续下去。

2019 年 3 月 14 日［这并非一个偶然的日期：根据盎格鲁－撒克逊人记录日期的惯例，"3 月 14 日"是"圆周率日"（Pi-day），每年的这一天，全世界都会举办与 π 有关的各种数学活动］，日本计算机科学家、谷歌工程师艾玛·岩尾春香（Emma Haruka Iwao）算到了圆周率小数点后的 31.4 万多亿位（准确来说是 31415926535897 位！），直到目前为止，这仍然是圆周率的最长世界纪录！如你所见，圆周率无疑是数中的明星，它魅力无穷，感染了全球的文化，丰富了大众的想象，是小说以及艺术作品的灵感源泉。

！ 达伦·阿罗诺夫斯基的《死亡密码》：为数痴狂

1998 年，有一部以数学家为题材的电影上映了，它使我们陷入了对数几近疯狂的痴迷之中，任何其他同题材的电影都不可与之相比。与此同时，它还使我们见识到，数学在这个世界上以及我们的生活中是那么无处不在。

这部电影便是美国导演达伦·阿罗诺夫斯基（Darren Aronofsky，1969— ）的长片处女作《死亡密码》（《π》）。

电影的主人公是一名叫作马克西米利安·科恩的数学家，这是一个纯虚构的人物，由肖恩·格莱特（Sean Gullette）饰演。马克西米利安·科恩的朋友们都叫他“马克思”——但他的朋友并不多——他是一名数论专家，在电脑屏幕的包围下过着与世隔绝的生活，在心算方面有着过人天赋的他同时也被剧烈的头痛所折磨。

马克思试图揭开支配股市走向的模式，因为同毕达哥拉斯和伽利略一样，他深信世界上所有的现象都可以用数学来解释，并认为在无序和偶然的表象背后存在一种潜在的模式（pattern）。

有一次，他以为他的电脑（他将这台电脑命名为“欧几里得”）出现了故障，但此后，他却发现了一串由 216 个数字组成的序列，原来这就是他要找的“钥匙”，而这把钥匙将为他指点迷津，使他明白隐藏在股市混乱中心的运行机制。

这时，一群正统派犹太教徒找到了他，他们正在寻找《托拉》^①中的数字密码——《托拉》中的启示是上帝采用数学方法编译的，因为每一个希伯来字母都对应着一个数字——于是，马克思将神圣的经文输入了他的电脑，电脑再次"吐出"了同样的216个数字！

头痛越发猛烈地侵蚀着他，一方面，寻找上帝之言的教徒对其穷追不舍；另一方面，贪婪的操盘手为了掌握股市跌宕起伏的秘密，也朝他步步紧逼。受尽折磨的马克思走投无路，只能在自己的脑袋上钻上一钻以求解脱（嘶……）。

尽管这部影片以"圆周率"为名，并且马克思发现的"神奇"数列也被认为是在其小数部分中出现的（但正如我们所见，不论是哪串数字序列，也不管其长度如何），但总的来说，整个故事却是在数字既迷人又神秘的解释能力之上构建起来的。

---

① 《托拉》：犹太律法。希伯来文意为"教谕"。狭义专指《旧约全书》前五卷中的律法，据说是上帝授予摩西的。

在这部颇具挑战性的心理惊悚片中，圆周率并非唯一的焦点：当马克思与哈西德派犹太人伦尼·迈耶相遇时，后者向他肯定《圣经》中存在一段通过数秘术编码的信息，就在伦尼·迈耶证明的过程中，马克思认出了斐波那契数，还提及了它们与黄金数之间的联系。

第五章

与众不同的数字：黄金数

事实证明，斐波那契数列是理解自然构成的关键。

——盖·默（Guy Murchie）

　　方才我们对几个性质特殊的数（这样的数不胜枚举）进行了快速的概览，作为结束，我们将认识另一个神话股的数学实体，那就是所谓的"黄金数""黄金分割"或"神圣比例"。在本书中，我也将它称为"ϕ"（没错，又是一个希腊字母）。在许多人看来，黄金数是一个不可思议的存在，不过在这里，我们要介绍的不单是这一个数，还有无数个其他的数，即组成黄金分割数列的"斐波那契数"，它们与黄金数的联系极为密切，几乎达到了一种程式化的地步。

比例小史

黄金数自古以来就存在。早在古希腊时期，人们就开始利用黄金数来调整神庙的比例。

古希腊人通过几何学的方法发现了黄金数，因为黄金数满足某种矩形边长之间的比例关系：假使我们从这种矩形中去掉一个正方形，并使正方形的边长与矩形的宽度相等，那么所剩矩形的边长之比仍然保持不变。

我们再次看到，口头表述通常无济于事，还是诉诸图形及代数方法进行表达更为简单。假设我们的矩形宽为一个单位，长为"L"。在切下一个边长为 1 的正方形后，我们还剩一个长为"$L-1$"的矩形，那么这个矩形的长、宽之比将依然保持原来的比例，也就是黄金比例（见图 3）。

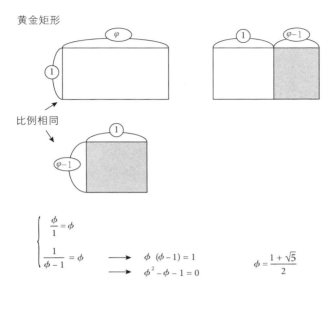

图3

因此：

$$\frac{L}{1} = \frac{1}{(L-1)}$$

通过一个相当简单的代数运算——我在这里省去了细节——我们可以从中得到：

$$L(L-1)-1=0$$

最后可得：

$$L^2 - L - 1 = 0$$

这是一个二次多项式方程，其解答过程非常简单——这里我再次省去了证明！——通过它，我们可以得到黄金数的表达式：

$$\varphi = (1+\sqrt{5})/2$$

和圆周率一样，φ（phi）也是一个无理数，并且和无理数集合中的所有数相同，φ 在表达为小数后也是一个无限不循环小数，前几位为：1.68180339887……不过，与圆周率相反，它并非超越数，而是一个代数数——正如刚才所见，我们通过对一个一元二次方程求解得到了它——但这并不妨碍一代又一代的数学家为其惊叹不已，将其视为神奇之数，甚至神圣之数！

事实上，人们在各种各样的自然现象中发现了它的踪迹，比如在银河系的旋臂之中，或在某些软体动物的贝壳形状之上——与由黄金数构建而来的"黄金螺线"相一致。

黄金数的影响力远远超出了数学界，它使建筑师与艺术家们灵感迸发，特别是它还出现在了一个让人意想不到的地方，一种看起来再平常不过的现象之中，那就是兔子的繁殖！而黄金数也因此变得更加魅力无限，头上的神秘光环也越发耀眼。

斐波那契，从兔子到"神奇"的数列

在黄金数的历史上，这是一次让人始料未及、惊讶不已的发展，而这一切都离不开斐波那契。

作为一名不可或缺的人物，我们对他的生平可谓知之甚少：斐波那契无疑是中世纪基督教世界最为重要的数学家之一——因为在这个漫长的时期中，印度人与阿拉伯人同样也是数学"明星"——他名为莱昂纳多，出生在比萨，其父是一名叫作"波那契"[①]（Bonaccio）的商人。

最初，人们用"比萨的莱昂纳多"或"旅行者莱昂纳多"来称呼他，一直到1838年，历史学家及数学家纪尧姆·利布里（Guillaume Libri）才改称他为"斐波那契"，即"波那契之子"。此后，他便以这个名字被人所熟知。

在他迷雾重重的生平中，至少有一件事我们可以确定：斐波那契与阿拉伯数学的初次接触，发生在他跟随父亲前往北非经商期间。值得注意的是，在一片由穆斯林统治的领土之上（位于现今阿尔及利亚贝贾亚市周围），他还学会了十进制记数系统、印度—阿拉伯数字以及零的使用。

1202年，斐波那契完成了作品《计算之书》（或称《算盘之书》），这是他所有著作中最为重要的一部。在这部作品中，斐波那契向西欧世界着重介绍了这一发现。当时，西欧科学正处于停滞时期，水平远远落后于东方（印度与阿拉伯—伊斯兰世界）。在斐波那契的推动下，数字书写及运算的革命之火蔓延开来，为一场知识觉醒运动提供了前所未有的动力，而这场运动将在几个世纪后引发文艺复兴。

虽然《计算之书》是数学史上的重要文献，但它却并不是一部理论性的作品，其严谨性与逻辑性也不像欧几里得的《几何原本》（*Éléments*）那样令人啧啧称奇。《计算之书》的主要受众本就不是学富五车的数学家——并且他们在当时的基督教世界中也相当罕见——它首先是为经商之人准备的，目的是使他们通晓方便快捷的计算工具，从而减轻其日常的工作负担。尽管斐波那契在纯数学，尤其是数论领域也提出了一些重要的成果和定理，但相比无可挑剔的证明，他还是更为偏爱具体的解释与"有说

———————
① 意大利姓，意为"好、自然"。

服力"的案例。

　　正是因为这样,才有了《计算之书》中一个与众不同的章节。在这个章节中,斐波那契谈论了一个与兔子繁殖有关的问题,就是会在我们的教科书上出现的那种!乍看之下,这些内容是那么无关紧要,但事实上,光是这一个章节就足以让书中所有其他内容黯然失色,连印度—阿拉伯数字的引入都无法幸免。

　　该部分内容如图 4 所示。

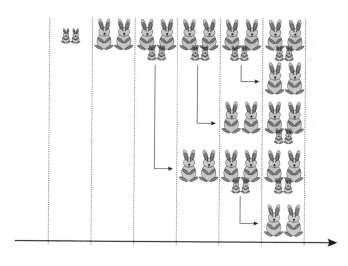

图 4

　　已知兔子在出生后的两个月内无法进行繁殖,但从第三个月开始,便每月都能产下 1 对新生兔子夫妇。那么,假设只有 1 对兔子的话,它们的后代将如何发展呢?如果以"对"来记数,第一个月,我们有 1 对兔子,第二个月也是 1 对,第三个月 2 对,第四个月 3 对(上个月出生的那对兔子还未到繁殖的年龄），到了第五个月，我们将获得 5 对兔子（2 对具备繁殖能力的兔子以及 1 对还不具备繁殖能力的新生兔子），以此类推。

如果我们继续计算下去，并记住每对兔子出生后还得再等一个月才能进行繁殖，就能观察到一个简单的规律，有了这个规律，人们不必进行烦琐的计算就能得出次月兔子的对数：当月的对数加上前一个月的对数就等于次月的对数。事实上，我们可以得到 1 + 1 = 2，1 + 2 = 3，2 + 3 = 5，3 + 5 = 8…如此一来，我们就得到了一个以 1，1，2，3，5，8，13，21，34，55，89，144，233，377，610，987…开头的数列。

这个数列不仅具有惊人的特性，同时，它还带来了巨大的发展。不过，斐波那契提出这个数列时，只将它看成一个有趣的数学游戏，并没有多大意义。直到很久以后的 19 世纪，它才在数学界中享誉盛名。

当时，来自法国的爱德华·卢卡斯（Édouard Lucas，1842—1891）对这个数列进行了更为仔细的研究，并在 1870 年对其进行了推广，以大致相同的原理给出了另一种数列（卢卡斯数列）。同时，他还以斐波那契的名字命名了这一数列以及组成这一数列的数，因为在大约 7 个世纪以前，正是斐波那契首次提出了该数列。

1753 年，来自苏格兰的罗伯特·西姆森（Robert Simson，1687—1768）将这一数列与黄金数联系在了一起，这才使之纵身一跃，成为数学史上最为著名的数列之一。这种联系看起来似乎非常微弱，甚至会让初学者感到失望：将斐波那契数列中的每个数与紧接其后的那个数相除，所得之商将无限逼近黄金数 φ。若被除数是偶数项，则所得之数小于 φ；若被除数是奇数项，则所得之数大于 φ。不过，不论是哪种情况，越到数列的后面，所得之数与 φ 的差值就越小，直到与 φ 无限逼近——也就是说，当斐波那契数列趋向于无穷大时，所得之数将无限接近于 φ，却永远不会与之相等。

正是因为这种联系，在数秘术领域及大众的想象之中，斐波那契数列与黄金数就如同创造万物的密码，代表着上帝的旨意，说得更世俗一点，它们就是自然与美的数学言语。

解释世界的数字

事实上，与黄金数一样，斐波那契数存在于自然现象中的例子比比皆是，最引人注目的是可以在松果、菠萝或位于向日葵花朵中心的小花[①]上观察到的螺旋形分布。如果我们数一数绕顺时针及逆时针旋转的小花，会发现它们的数量总是等于斐波那契序列中两个连续的数。

在树叶或花瓣的排列中，我们也同样可以找到这个著名数列中的数：尽管并非一定，但统计得出的频率之高使这不可能只是偶然的结果。

数学与自然科学呈现出一种不可思议的一致性，这使艺术家们对黄金数与斐波那契数列这对令人称奇的组合产生了兴趣，并将其当成创作灵感的源泉。其中，最常被人提及的例子便是达·芬奇的作品《维特鲁威人》（*homme de Vitruve*）。不过，达·芬奇并没有按照黄金数这一"神圣比例"来创作这幅作品，他遵从的是罗马建筑师维特鲁威（Vitruve）所描述的比例，正如画名所示。但俗话说得好，"没有雪中送炭，只有锦上添

---

① 向日葵顶上的大花盘并不是一朵花，而是由很多小花（法语原文为"fleuron"，对应英文为"floret"，释义为"On a flowering plant, a floret is a small flower that is part of a larger flower"）组成的。这些小花分成两大类：一类叫舌状花，位于花盘周围，好像一片片金黄色的花瓣；另一类叫管状花，像细管子那样紧紧生于花盘中央。到了秋天，每一朵管状花就能结出一粒葵花籽。作者在这里说的就是位于花盘中央的管状花。

花"，况且这个反例也不足以否定斐波那契数的巨大价值。尽管对斐波那契数列的很多解读都没有根据，但作曲家伊阿尼斯·泽纳基斯（Iannis Xenakis）、建筑师勒·柯布西耶（Le Corbusier）、画家萨尔瓦多·达利（Salvador Dalí）以及诗人保尔·瓦雷里（Paul Valéry）——这些热衷数学之人——都坚信，在中世纪意大利天才斐波那契发现的数列中，隐藏着极致的美学密码，他们从中汲取灵感，并在某些作品当中运用。近来，爵士乐萨克斯演奏家史蒂夫·科尔曼（Steve Coleman）还使用斐波那契数列创作了部分乐曲。

不过，会不会所有这些例子都只是对人类非凡创造力的一种佐证？在这种创造力下，人们用尽浑身解数，使黄金数与斐波那契数列孕育出累累硕果，但换作另一个数学实体，会不会也是同样的结果呢？还是说，这些例子所彰显的，本就是存在于"黄金比例"及斐波那契数列内部的一种力量，是这种力量使数列连续两项之比不断朝着这一理想比例靠近？哲学柏拉图主义的拥护者相信数学实体的独立实在性，如此一来，黄金数与斐波那契数列是否就能证明他们信之有方呢？只有一件事可以肯定：众所周知，兔子的繁殖速度极快，而我们永远不知道这将把我们带向何处！

第六章

无穷：过山车式的眩晕

查克·诺里斯从一数到了无穷，还数了两次。

——《关于查克·诺里斯的真相》

（*Chuck Norris Facts*）

　　无穷可以说是最为烧脑，甚至最让人感到害怕的数学对象之一（没错，无穷是一种数学对象），但同时它也是其中最为引人入胜的一种。

与其跑，不如动身早：无穷悖论

无穷的概念不仅难以理解，而且还很难回避！因为按理说，它是从那些最基础的运算活动中产生的，比如计数。当一个孩子开始学习数数时，他很快就会提问道："数字什么时候结束？"而后，一系列的哲学难题（同时也是家长和老师所要面临的教育挑战）往往就会接踵而至。面对这个问题，大人们通常只能回答："永远不会结束！"而这个回答是那么简单、费解，又令人难以接受！

听到这个答案，未来的小数学家们心中五味杂陈，他们既怀疑又惊奇，有时还会产生一种隐隐约约的焦虑。如果对这个问题思考得足够深入的话，任何一个已经成年的人都不会对这种感觉感到太过陌生。那数学家是如何认为的呢？在很长一段时间里，数学家都对无穷抱有一种近乎偏执的反感，不过，他们反对的理由往往与"外行人"的理由不同。

在深入了解之前，让我们先明确一下，在这里，我们将集中讨论的是数学上的无穷，因为"无穷"这个概念也会出现在哲学、宗教或物理学领域，其含义也有所不同。但在本书中，我们只会对其他这些"无穷"与数学"无穷"之间的关系稍做讨论。

无穷的概念起源于计数，因为人类可能永远无法将数数完。当这个概念第一次出现在古希腊数学家面前时，他们并没有理由平白无故地感到恐慌。本来，柏拉图主义的追随者可以将无穷看作可知世界——物质世界只是它不完美的复制品——的一种属性，而"原子论者"也没有理由对数学上的无穷感到不满，因为他们原本就相信有无数个宇宙存在，而这也是其思想体系中的核心内容。现实的也好，想象的也罢，无穷本来可以在数学的世界里拥有一席之地，只可惜它太爱挑拨离间，让人恼火不已。人类难以通过其有限的智力想象无穷、理解无穷，难题由此产生。不仅如此，无穷在逻辑及算术之厦中的引入催生了数学家最大的敌人——悖论，而数学家们似乎也无法抑制自己想要将其扫地出门的念头。来自埃利亚（Elea）的哲学家芝诺（Zénon，约前490—约前430）提出了"飞矢悖论"及"阿喀琉斯与乌龟的悖论"，这两个悖论涉及无穷的概念，并对其可能会造成的困境做出说明，是同类悖论中最为著名的两个例子。

阿喀琉斯与乌龟

这两个悖论体现的是同一种思想，它们都在加法和除法两个层面上引入了无穷。因为我们将距离分成了越来越小的小段，然后再将它们一个个相加。在飞矢悖论中，箭矢若要击中箭靶，就必须先飞过箭靶与弓箭手间距离的一半，接着再飞过剩下一半距离的一半，然后是剩下还需飞过的距离的一半——也就是起始距离的四分之一，以此类推，无穷无尽。只不过这里有一个问题：如此下去，箭矢永远无法射中箭靶！因为总会剩下半段的距离需要箭矢飞过，无论这段距离有多微不足道。箭矢会无限接近箭靶，却永远无法将其击中。但是我们心知肚明，在现实世界中，事实并非如此。难道是埃利亚学派的推理存在问题吗？从数学层面上来看，这种推理无懈可击，或者说几乎无懈可击。

阿喀琉斯与乌龟的悖论与飞矢悖论如出一辙，只不过前者还涉及一个额外的因素：目标的移动。特洛伊战争中所向披靡的英雄追逐一只可怜的乌龟，为此他必须跑过他与乌龟之间相隔距离的一半。与弓箭手的箭靶不同，乌龟在这段时间里也在前行，尽管它的速度不如阿喀琉斯快，但后者又得再次跑过两者新隔间距的一半……也就是说，阿喀琉斯追上乌龟的难度大于箭矢击中箭靶的难度，因为箭靶是静止不动的。不过，同样地，即使身着沉重的铠甲，但一个高大魁梧的年轻人无力追赶世界上行动最迟缓的动物之一，这样的事我们却从来没有见过……这种悖论可能会使人们对数学对象与现实世界之间的关系产生怀疑。数学层面上得出的结论怎么会与现实情况如此大相径庭呢？

由此，芝诺提出了龟兔赛跑（关于追赶乌龟这件事，差别都不会太大）的问题，这个问题使整个古希腊时期的数学研究陷入困惑之中，并且这种困惑持续了很长一段时间。数个世纪之后，人们才发现这是无穷玩的鬼把戏！

问题的答案来自对级数①的研究。自古希腊时期以来，人们便对级数有所研究，从中世纪末期开始，对这一课题的研究变得如火如荼。我们可以将芝诺悖论概括为一个形式非常简单的级数，即：1/2 + 1/4 + 1/8 + 1/16 + 1/32 +…，以此类推。

① 级数：在数学中，一个有穷或无穷的序列的和称为级数。如果序列是有穷序列，其和称为有穷级数；反之，称为无穷级数（一般简称为级数）。

不过，当级数如此延长至无穷时，会出现两种相反的行为。当发散级数相加元素的个数趋向于无穷时，不出所料，该级数也会趋向于无穷（比如 1 + 2 + 3 + 4 +⋯或者 1/1 + 1/2 + 1/3 + 1/4 +⋯；后者被称为"调和级数"）。然而，除了发散级数，还存在收敛级数，而后者的得数则更加令人震惊：当相加元素的个数趋向于无穷时，它们的和却趋向于一个有限的数！在芝诺之箭的例子——阿喀琉斯与乌龟的例子也是一样，只是由于需要考虑乌龟每一次比阿喀琉斯多走的距离，因此公式要稍微复杂一些——中，得数正好为 1，相当于箭矢需要飞过的整段距离！而解开芝诺悖论（或矛盾）的钥匙就在于：即使这个运动的过程被分成了无限步，但我们是能够在一段有限的时间内走完一段有限的距离的。而这便是数学的狡黠之美：在经过了数个世纪的思考和计算后，人们成功证明了在常识上看来显而易见的事物在数学"表达"中却会引起质疑。

你方才可能已经注意到，当我们在使用无穷的概念时，必须采用一个特殊的词汇。一个级数不能"达到"无穷，但可以说它"趋向"于无穷，并且该级数的量也会"趋向"于某一有限或无限的给定值。

不断重复的级数

无穷级数还显示出了其他惊人的特性。我们不仅能够将无限个项——并非任意项，正如之前所见，我们依据项的排列方式来定义级数——相加而得到一个有限的和，并且这个和还会根据项的放置顺序不同而变化。这与算术的一个基本性质——加法"交换律"相悖。我们知道，在进行数量相加时，通常可以按照任意顺序进行加法运算（"2 + 3"和"3 + 2"的结果相同），乘法运算也是如此。因此，我们说这两种运算具有可交换性。但其他运算，比如减法和除法（"2 − 3 = − 1"，而"3 − 2 = 1"）就不具可交换性。不过，当我们处理含有减法的算式时，可以将减法替换为负整数的加法，从而避开这个难题。比如，我们可以将"2 − 3"替换为"2 + （− 3）"，此时交换律同样适用，因为"（− 3） + 2"也等于"− 1"。但对某些无穷级数来说，这条规律不再适用：项的排列顺序不同，其结果可能完全改变。举个例子，"1 − 1 + 1 − 1 + 1 − 1…"这个看似简单的级数便是如此，它交替加减单位1，以至无穷。

根据计算方法不同，这个级数可以取三个不同的值！如果我们将它分为"+ 1"和"− 1"两组，"+ 1"和"− 1"就会相互抵消，而我们得到的结果显然就是"0"。同样，如果我们把第一个"1"放在一边，再将后续的"− 1"和"+ 1"配对，结果就是"1"（请注意，由于这是一个无穷级数，我们无法知道它将在何处结束——事实上，它永远也不会结束，而想象无穷确实很难！——并且，假设没有最后的那个"− 1"，那么通过第一种计算方法，我们还可以得到"1"这个结果）！

更妙（或糟糕）的是，假如我们保留第一个"1"，并将剩下的所有项放到括号里——要知道，若括号前面存在减号，就得改变括号里所有数的符号——便会得到：1 − （1 − 1 + 1 − 1 + 1 − 1…）。

我们看到，括号里的内容就是最初的那个级数！如果我们把这个级数记为"S"，那么"$S = 1 − S$"，也就是说"$S + S = 2S = 1$"，那么"$S = 1/2$"！

然而，如果我们将前面的结果都考虑在内，就会得到一个着实令人匪夷所思的结果："$S = 1/2 = 0 = 1$"！难怪长期以来，如此多的数学家对待无穷就像对待瘟疫一样，唯恐避之不及。

两个无穷

因此，甚至在算术取得进步，芝诺谜题得到最后解答之前，因引入无穷量而产生的悖论就已经使数学家对无穷这个概念持怀疑态度了，更别说人们还发现了新的困难（无穷级数存在多个相互矛盾的结果）。由于无法完全规避无穷，数学家们承袭了亚里士多德对"实无穷"和"潜无穷"的区分。希腊哲学家只接受"潜无穷"的存在，在他们的思想中，不存在真实或实际的无穷，无穷只能在人脑中"发挥潜能"，在某种程度上是"潜在的"。高斯是19世纪初期数学界最为杰出的人物之一，在这位"数学王子"的语录中，我们也能够找到对这两种无穷的区分："我反对将无穷量当作真实的量来使用，在数学中，实无穷从未得到过承认。"

对高斯来说，无穷"只是一种说法"，并非真正的实体。"实"无穷仅仅是一种幻象，就像人们永远无法到达彩虹的尽头一般（这并不妨碍一些人梦想着他们会在那里找到宝藏）。20世纪的另一位数学巨匠大卫·希尔伯特（David Hilbert，1862—1943）完全同意这种观点。他认为，我们谈论无穷的唯一基础，只是依照经验推断出的极大量［或极小量，因为无穷是双向的——而且比我们想象的要大（小）得多……］。然而，自17世纪起，无穷就拥有了自己的专有符号，因而可以被代入代数式中，这就使人更加容易掉入实无穷的陷阱（至少有许多人认为这是一种陷阱）！

无穷符号

如今，这个符号已经广为人知，老师会向高中生教授这个符号，有时它还会被用在大众意象之中（T 恤、计算机图形、各式各样的插图等）。无穷符号有一个复杂的名字，不过很少被人使用，那就是"双纽线"，它的外观就像一个躺着的"8"，因此被表示为"∞"。

1655 年，英国数学家约翰·沃利斯（John Wallis，1616—1703）在《圆锥曲线论》（*De Sectionibus Conicis*）一书中引入了这个符号。如今，人们仍然不确定这个符号的形状来源并对此提出了多种解释。有些人认为它是罗马记数法中偶尔被用来表示"1000"的符号的变形。这个符号形如两个相对而置的"C"（见图 5），被放在两条竖线的两边。如果我们对罗马数字稍微有那么点熟悉的话，就会知道，这个并不便捷的符号已经被替代了，人们通常用字母"M"来表示"1000"，这样更为简单。

图 5

把这个符号稍微变圆一点，我们就能得到沃利斯的"卧 8"。不过，这种解释仍然令人感到困惑：要表示一个"比所有数都大的数"，单单一个"1000"似乎有些轻率了！有时，人们也认为，流传至今的无穷符号是希腊字母"欧米伽"（ω——小写的欧米伽）的变体，由于前者是希腊字母表中的最后一个字母，因此用来表示算术的最大极限（或没有极限）是很贴切的。也有可能，它并未借鉴任何已有的字母或符号，仅仅代表一个永恒的运动，一个无尽的循环（我们当然可以只用一个圈来表示，但"0"已经捷足先登了）。无论如何，无穷符号的发明者本人从未对这一选择做出解释，他只是在一个极度简短的句子中将它随意写了下来："让 ∞ 代表无穷大吧！"人们不禁将这个"教谕"与《创世记》（*Genèse*）中的"让世界充满光明吧"（"Que la lumiére soit！"）进行比照，我们承认，这确实又为这个符号增添了一丝神秘而宏大的意味！

代表无穷的数学符号引入得恰逢其时，因为几年之后，在微积分学的发展中，无穷是个无法回避的概念。不过，在牛顿的数学物理学与分析力学取得出色成就之前，另一位物理学巨匠就已经能够与无穷决一雌雄了（如果可以这么说的话），并且他还提出了新的悖论，使无穷这个概念的使用变得前所未有地棘手，甚至危险！

伽利略与无穷的困境

伽利略因支持哥白尼的日心说模型而与宗教裁判所发生纠纷，这使这位意大利科学家成为捍卫理性事业的历史性人物，保护理性不受蒙昧主义的侵蚀。不过，这一点也使人们忽视了伽利略丰富的人生与他在工作上取得的硕果。通过提倡日心说，伽利略使地球回到了自己的位置上——随之而来的，是所有想将地球置于宇宙中心的人对他的怒火与斥责——并几乎仅凭一己之力创造了现代数学物理学，不仅如此，他同时还致力于对"纯"数学问题的研究。伽利略在受审后遭到软禁——他收回了言论，毫无疑问，这使他从火刑中逃过一劫——在此期间，他写了一本名为《关于两门新科学的对话》（*Discours et démonstrations mathématiques relatives à deux nouvelles sciences*）的书，并于 1638 年出版。其中，他特别谈到了数学上的无穷问题。同之后的高斯一样，伽利略也对实无穷——用亚里士多德的术语来说，就是"实现了的"无穷——的观点进行了驳斥。另外，他还向人们指出了在极为有限的智力下使用"无穷"这个概念可能会造成的困境。

为说明这个问题，伽利略主要借助了一个例子，这个例子完美预示了康托尔在集合论中对于无穷的处理。我们可以对自然数集（通过数数就能得到的数，如1，2，3，4，5等）中的每一个数进行平方运算，如此一来，我们就能得到另外一组自然数，我们可以将其统称为"平方数"（等于一个数同它自身的乘积，也就是它的平方）。由于自然数有无穷多个，因此"平方数"也应该有无穷多个，也就是说，它们的数量应该相等……但并非所有的自然数都是"平方数"（那些平方根——平方的逆运算——是整数的数），所以后者的数量应少于前者。显然，面对这个违背一般逻辑的难题，我们不知该从何下手。而伽利略的结论则可以概括如下："欢迎来到无穷的世界！"在他看来，解决这个悖论没有任何意义，玩弄无穷根本就是煎水作冰，甚至无异于玩火自焚，是一种鲁莽的行为。

伽利略的平方数悖论有好几种变体，因为我们可以选取自然数集的不同子集来举例，比如正偶数（或奇数）集。在这两种情况下，我们知道正偶数（奇数）的个数比自然数的个数少，甚至还知道少了多少：从逻辑上来讲，少了一半！不过，偶数的个数是无穷的……由此我们可以得出怎样的结论？有些无穷会比另一些无穷大吗？

事实上，伽利略悖论的所有这些变体最后都导致了人们对整体与部分这两个概念的质疑。当我们从无穷中抽取出一部分时，这部分本身也是无穷的……因此它和被抽取的"整体"是同样大的！但是，如果我们数这些元素的个数——并非一直数到无穷（除非我们是查克·诺里斯），而是逆向推测出的无穷——会发现它们的个数似乎又确实少于整体的个数。

如何理解无穷

数学家们与无穷的关系已经到了如此地步：在他们需要的时候，无穷就是一种工具，但由于他们知道这个概念会将他们引向绝路，因而又很谨慎。"不要触及无穷""要小心处理无穷"可能就是他们心照不宣的暗号。就在这时，"驯服无穷的人"——格奥尔格·康托尔莽莽撞撞地登场了。

康托尔：以全新的眼光看无穷

1845 年，格奥尔格·康托尔出生于俄罗斯圣彼得堡。他的父亲是有着犹太血统的丹麦商人，他的母亲来自奥地利的一个天主教家庭。康托尔的父母都皈依了新教，而他自己则一生都是新教教徒。作为著名小提琴家的后代（他的母亲是小提琴家），康托尔的小提琴技艺也是炉火纯青。

康托尔的父亲体弱多病，不能适应圣彼得堡的气候。于是，他们决定举家移民到德国，并于 1856 年在美因河畔的法兰克福定居。康托尔年纪轻轻就展现出了惊人的数学天赋，他被送到苏黎世理工学院学习——比另一位先锋科学家及小提琴爱好者阿尔伯特·爱因斯坦还要早几年——后来又去了柏林大学。1867 年，康托尔通过了博士学位论文答辩，之后，他被任命为哈勒大学的教授，并在那里度过了他的整个职业生涯。

在 1870—1880 年，康托尔发展起来一套关于无穷的理论，这引起了一些有影响力的同事对他的指摘，其中尤以利奥波德·克罗内克为甚。

在任何情况下，后者都反对使用实无穷，因为实无穷被认为是一个完全的数学对象，而不仅仅是一个限定性的概念。作为"有限主义"（该主义拒绝在数学中使用无穷）的领军人物——克罗内克断言，上帝创造发明了整数，剩下的一切都是"人类的工作"——克罗内克利用其在学术界享有的声望，在康托尔的职业发展之路上设置障碍，阻碍他在比哈勒大学更负盛名的大学中获得教职。相较柏林大学与哥廷根大学而言，哈勒大学的影响力还是十分有限的。至于康托尔的工作所依托的理论框架，数学界存在很大的分歧：亨利·庞加莱（Henri Poincaré，1854—1912）似乎认识到了康托尔的才华及其真正的价值所在，但认为集合论是"一种疾病"，会给数学造成消极的影响，"人们终有一天会找到治愈它的方法！"

康托尔对于无穷的观点是革命性的，虽然这种激烈的反对并未影响这些观点的传播，但他在学术界中仍然是个离群索居的边缘人。另外，因为未能成功证明连续统假设，他感到十分痛苦，而这件事也实实在在成了他的一块心病。自 1884 年开始，也就是在他生命的最后一段时光中，他的抑郁症越发严重，发作持续时间也越来越长，他最终于 1918 年在一所养老院里离开了人世。

走近无穷，超越无穷

在数学推理中引入无穷会产生显而易见的矛盾，但康托尔既没有绕开这些矛盾，也没有对其避而不见，而是直面问题，迎难而上。就好像在不断刺激自己的痛处一般，他对一些与无穷相关的悖论进行了深入的研究，最终证明了无穷集合的属性特殊，与有穷集合完全不同。

康托尔的推理之美，主要在于它的简单清晰、一目了然。尽管要参透其中的奥秘需要扎实的数学背景，但对非专业人士来说，要理解它们往往还是可以办到的——只不过是简化版的。例如，康托尔最为惊人的结论之一就来自一个非常简单的问题：一个平面包含的点比一条直线包含的点更多吗？就像对待无穷一样，我们得当心由常理得出的一般性答案。让我们从带有一个坐标点的平面开始，这个点由两条垂线构成。笛卡儿提出，一个平面中的任意一点都可以用两个坐标来确定，并且与该坐标投射在两条轴线上的点相对应。假定同所有直线一样，两条轴线均由无数个点构成，人们先验地认为，一个平面包含的点明显多于两条轴线各自包含的点，乃至它们所包含的点的总和。我们甚至可以大胆地说，一个平面内的点数等于轴线所含点数的平方（或者说，已知两条轴线所含点数相等，平面内的点就等于两条轴线点数之积），也就是无穷的平方。不过，无穷的平方等于多少呢？正是通过对这个问题的思索，康托尔得出了一个既清晰又精妙的证明。

计算无穷

要证明一个平面包含的点是否比一条直线包含的点更多，只需取一个点的两个坐标即可。为了方便阅读，我们将使用不同的字符大小来表示这两个数。举个例子，想象该点的所处坐标为：$x = 0.236794$；$y = 0.47034$。

从这两个数中交替取出一个数字，我们可以构造出第三个数：

0.24376073944。

　　不过，因为这个数是个实数，所以它本身也对应坐标直线（两条中的一条）上的一个点。通过这种方式构造出的数均是如此，它们对应着坐标直线上的一个点，而这个点又对应着平面上的一个点。于是，我们可以得出以下结论：由于平面上的每一个点都与坐标直线上的一个点相对应，因此平面与直线所含的点的数量相同！当证明这个结论后，康托尔感慨万千，他向好友理查德·戴德金（Richard Dedekind），也就是后来证明前者的无穷定理与其他数学定理可以同时存在的那位数学家写道："我看到了，但我无法相信！"另外，让我们补充一点，通过递推法，人们可以将康托尔定理延续至无穷！因为我们可以随心所欲地增加维度，而一个点总是能够通过唯一的实数，即由该点的坐标（有几个维度就有几个坐标）所构成的那个实数来表示。因此，一个空间所包含的点的数量与直线，也就是康托尔所称的"连续统"所包含的点的数量相同。

　　由此，我们是否应该得出结论：所有的无穷都大小相同、数值相等？尽管在对有限的例子进行研究时，我们的印象并非如此。康托尔证明事实并非如此，无穷存在几种不同的大小、类别，并非所有的无穷都相等，我们甚至可以说一些无穷比其他的无穷要"更加无穷"！而这也是他为数学知识带来的最为关键的贡献之一。那么他是如何得出这个轰动一时的新结论的呢？

　　在研究无穷的数学方法中，这个思想至关重要，要理解它，就必须在集合论，即康托尔进行思考的整体框架下展开推理。由于集合论太过复杂，因此我们无法在这里单独对其进行讨论。概括来讲，集合论研究的是数学实体（或其他实体）的各种集合，这些实体因为某些属性而相互联系，最重要的是，它还研究人们可能在这些集合间建立的关系。理解康托尔关于无穷的定理需要了解一个重要的概念，那就是两个集合元素间的"一一对应"。如果我们以一个众所周知的集合，即自然数（1，2，3，4等）集为例，就可以很容易地概括这个看似晦涩的术语。如果我们将自然数集中的每个元素（正整数）都看成一个贴有数字标签的小盒子，就可以想象从另一个集合中取出各个元素，再将它们分别放进这些盒子中的其中一个。为了重现伽利略的例子，让我们以平方数集（1，4，9，16…）为例，我们可以将该数集中的每个元素都放入自然数集的其中一个"盒子"里，如此一来，它们就像被编上了编号："1"是1号，"4"是2号，"9"是3号……以此类推。我们说这些元素是可数的，同时，康托尔将这样的集合称作"可数集合"。由此，康托尔得出结论：若一个集合中的所有元素都可以与自然数构成一一对应的关系，那么这个集合就与无穷且可数的自然数集"大小"相等。或者用康托尔的词汇表述，就是两个集合的"基数"相同。

但我们确实说过，并非所有的无穷集合都有相同的"大小"，也就是相同的势。那么什么集合可以比无穷更加无穷呢？到目前为止，我们主要是以能够无限计数（列举）下去的自然数为例来说明无穷。不过，为了对无穷有一个全面的了解，我们还需考虑另一种无穷，在关于直线、平面及所有可能空间是否等价的讨论中，我们已经对其有所涉及，它就是实数的无穷。实数即所有可以用小数，也就是带"小数点"的数来表示的数（涉及 $i = \sqrt{-1}$ 的虚数与复数除外），并且实数集包含整数集，整数集又包含自然数集。不过，正如我们方才所见，这并不意味着实数集就比其他两个集合大，因为无穷集合有一个惊人的特性，那就是其部分可能与整体一样大（例如包括在整数集中的平方数集）。但在这里，实数集确实大于整数集，它代表了另一种类型，另一种种类的无穷，而这种无穷本身就是不可数的。康托尔得出结论：不能将实数与自然数一一对应。为得出这一结论，康托尔使用了所谓的"对角论证法"，该方法可谓数学史上最为精妙、最为清晰的推理方法之一。那么，它都有些什么内容呢？

简单来说，对角论证法就是将一串完全随机选择的数从上到下书写下来，但所有这些数都是小于 1 的正实数（介于 0 和 1 之间）。并且，我们可以按意愿书写位于小数点之后的数字，想写多少位就写多少位（或者能写多少位就写多少位）。让我们依次取第一个数的第一个数字（小数点后），第二个数的第二个数字，第三个数的第三个数字……以此类推。

如此一来，所得之数便会在数列中画出一条对角线。剩下的就是在由此法构成之数的所有数字上加 1（如果是 9，则用 0 代替），并将得到的结果与起始集合中的每一个数进行比较。我们可以得出结论，这个数不会与起始集合中的任何一个数相等：它不等于第一个数，因为它们的第一个数字不同，它也不等于第二个数，因为它们的第二个数字不同……以此类推。假设我们将按此步骤写出包含所有可能实数的（无穷）集合，并且将小数点后的数字保留到无限位，那么通过康托尔发明的"诀窍"，我们总能得到一个不同于其他任何数的全新的数。也就是说，我们可以在无穷的基础上不断添加新的元素……而且这还仅仅是在 0 到 1 这一区间内！

0.139147159127

0.358915809582

0.859545489559

0.594789451949

以此类推。

对角线数：0.1597… + 0.1111… = 0.2608…≠数列中的任何数（至少有一个数字不同）！

在格奥尔格·康托尔之前，另一位捷克数学家——同时也是哲学家和神学家——贝尔纳·布尔查诺（Bernard Bolzano，1781—1848）在其遗作《无穷的悖论》（*Les Paradoxes de l'infini*）（于 1851 年出版）中表达了他既支持潜无穷又支持实无穷的主张。同康托尔一样，他也曾以两个整数，比如 0 到 1 之间的无穷集合作为例子。然而，他却断言所有无穷都是相等的，这并不正确，因为实数就比整数更为无穷！

为了指代这个比无穷还要"无穷"的集合，康托尔使用了"超穷"集合一词：同整数集一样，我们可以在该集合中一个接一个地添加元素，直至无穷。不仅如此，我们还总能在其中任意两个元素之间找到新的元素，不管这两个元素有多么接近。那无穷的平方呢？无穷的平方还要更胜一筹，它等于 2 的无穷次方！

俄罗斯套娃般的无穷

在康托尔的研究下，数学无穷呈现出一种相当惊人的面貌：无穷并非只有一个，甚至也不是只有两个，无穷有无数个，它们就像俄罗斯套娃一样，相互交织在一起！如果说整数的无穷已经使你晕头转向，那么实数的无穷就有本事让你失去理智。事实上，由无穷个元素组成的集合不仅有连续统，也就是可以用直线上的点来表示的实数集，还有它的任意部分（或区间）。

在 0 和 1 之间，存在无穷个数，因为我们可以将这些数写到小数点后的无限位。在 0 和 0.1 之间，也存在无穷个数；在 0 和 0.01 之间也是如此，以此类推，直至无穷！我们可以说，整数的无穷与对无穷大的表述相对应，而实数则多出了一个无穷小的概念。我们之所以称之为多出来的概念，是因为实数本身也可以像整数那样延伸至无穷。

不过，想要了解横亘在整数无穷与实数无穷，以及无穷大与无穷小之间这条深不见底的鸿沟，只需假设我们有无穷无尽的时间。在此假设下，我们可以对无穷无尽的自然数计数，但对实数来说，我们却连如何开始计数都无从知晓。数完"0"后，我们需要找到最小的正实数，光是这项任务就看不到尽头，因为这需要我们在小数点后无穷个"0"的末尾去寻找一个"1"！这就是我们说实数集是不可数集的原因。正如无穷可数集可以是相等的一样——拥有同样的基数——两个无穷不可数集也可以相等。比如，我们已经看到，一个平面、一条直线和任意一个空间都拥有相同的点集，因为它们彼此的每一个元素都可以相互匹配、相互配对（不好意思，康托尔先生，是可以"一一对应"）。

无限的第一个字母

康托尔认为"他的"无穷不再是潜无穷（未实现的），而是实无穷（实现了的），为了表示它们，并对它们进行运算，康托尔引入了一个新的符号，因为这位俄裔德国数学家发现了各种各样的无穷，光用约翰·沃利斯的双纽线（∞）已经不足以表示它们了。康托尔证明了自然数集（或基数集）是无穷集合中最小的一类集合，因为它们的"基数"是无穷集合可能拥有的最小基数。此后，他便将该基数，也就是与无穷可数集合的"大小"相对应的基数记为"$\aleph_0$"，即"阿列夫零"。

康托尔作品的历史学家和评注家对他选择这个字母以表示无穷集合的

基数有所疑问。"$\aleph$"是希伯来字母表的第一个字母，尽管他本人是新教教徒，但他的犹太血统（不过，这并不确定）是否影响了他的选择呢？有些人想到了犹太教的神秘传统学说"卡巴拉"，其显著特点就是在字母与数字间建立对应关系。在卡巴拉中，"Ein Sof"[①]——将神性与其属性或特性相联系，这种属性被称为"质点"（sefirot）——代表无穷，有时用字母"阿列夫"表示。不过，康托尔诉诸希伯来字母表仅仅是为了用"阿列夫"和"欧米伽"[②]来区分基数和序数吗？（让我们回忆一下——通过对康托尔在集合论中使用的这些术语进行极大的简化——我们用基数来衡量一个集合的大小，也就是其元素的个数，它既不关乎这些元素的顺序，也不关乎这个集合的结构；而序数则指明了这些元素在集合中所处的地位或位置。）

无穷是如何将经典数学搅得天翻地覆的？关于这点，阿列夫数的运算可以很好地说明。举个例子，我们可以在"$\aleph_0$"上加上"1"，或者乘以"2"，或者乘以它自身（平方运算），"$\aleph_0$"仍然等于它自己！至于连续统的基数——我们之前已经说过它要比整数的基数大——康托尔确定它等于"$2^{\aleph_0}$"，但关于这个结论的证明一时半会儿是说不清的！

还存在其他无穷吗？在集合论的支撑下，康托尔得以证明，通过构造一个集合所有子集的集合，人们可以不断得到更大的集合！如果我们取整数集所有子集的集合，便可得到一个基数"碰巧"为"$2^{\aleph_0}$"的集合——没错，这正是实数集的基数：瞧，我们又见面了——那么同样地，我们也可以通过构造这个新集合所有子集的集合，得到一个基数为"$2^{2^{\aleph_0}}$"的集合，以此类推，直至无穷！

另外，康托尔还假设，在基数为"$\aleph_0$"和"$2^{2^{\aleph_0}}$"的集合之间，还存

---

① 自我显现前的上帝。
② 小写的欧米伽"ω"在数学上可以表示无穷序数。

在一连串基数，也就是"阿列夫数"（"$\aleph$"）不断递增的集合，这些基数被记为"$\aleph_1$""$\aleph_2$""$\aleph_3$"……不过，康托尔认为，不存在基数介于"阿列夫零"（整数的基数）与"二的阿列夫零次方"（实数的基数）之间的集合。人们可以从前者直接过渡到后者，这就是"连续统假说"。康托尔一直试图证明这个假说，但直到其职业生涯结束，他都没能成功。直到1963年，才有证据表明，"连续统假说"既无法证明，也无法推翻！难怪连康托尔这样的天才都不免遭遇失败并为此绞尽脑汁，甚至到了失去理智的地步！

从无穷到超越

无论康托尔在研究无穷集合时受到卡巴拉的启发与否，他确实是被无穷集合带入了某片领域之中，在那里，数学几乎将不可避免地走向形而上学、宗教与神秘主义。事实上，他认为他在数学领域引入实际的、现实的无穷所带来的影响是跨学科的。他曾断言自己"为基督教哲学提供了真正的无穷理论"。康托尔与科学界其他人士越发格格不入，这主要是因为他对无穷的非正统处理。此外，他个人还有抑郁倾向及双向感情障碍，而且还偏向于研究哲学与神学问题，这一切无疑决定了他生命最后的走向。

康托尔，这位无穷的丈量者，是否牺牲了自己的理智以祭献数学的进步？他是否为自己"驾驭"无穷的野心（亵渎神圣？）付出了代价？又是否因为几乎被数学界放逐，受尽冷眼，才最终神经崩溃？总而言之，格奥尔格·康托尔似乎在他生命的最后几年中一点一点陷入了疯狂。他丢弃了数学，转而研究起迷雾重重的神学与哲学。另外，他还发展出了一个近乎执念的癖好：证明威廉·莎士比亚（William Shakespeare，1564—1616）的剧作实际上是由哲学家及政治家弗朗西斯·培根（Francis Bacon，1561—1626）所写（莎士比亚这个名字背后隐藏着一位神秘的作者，并且像这样去寻找其人的并非康托尔一人，甚至还存在一种戏谑的说法来形容这种潮流："署名莎士比亚的剧作事实上由他人所作，而这个人也叫'威廉·莎士比亚'。"）。1899 年，康托尔年仅 13 岁的小儿子离世，这使他进一步陷入抑郁，精神也越发错乱，直至 1918 年在一家精神病院里走向生命的尽头。

康托尔的理论在其有生之年受人争议、遭人否定，而在他离世后，关于数学无穷的性质之争——无论潜在的还是现实的——也没有就此停止（很可能这场论战本身就没有尽头）！尽管如此，后人还是意识到了他对数学复兴所做的决定性贡献，而这一贡献也将在整个 20 世纪初期对数学学科产生影响。集合论如今仍是数学舞台上的一部大师之作，人们也认为在研究无穷时，不可避免要使用康托尔的方法。大卫·希尔伯特是那个时期的权威人物，为致敬这位同僚，他以赞美之词相赠——同时也是对其反对者的抨击——"没有人能将我们赶出康托尔为我们打造的天堂"。

似乎只要一涉及无穷，数学家们就会情不自禁地联想到宗教！

无限之星

另一位杰出的数学家也曾与深渊一般的无穷相互较量。他丰硕的成果、他的性格、他的"作风"、他非同寻常的职业道路，以及他短暂而耀眼的职业生涯在数学史上留下了深深的印记，他就是来自印度的斯里尼瓦瑟·拉马努金。

拉马努金（梵文意为"罗摩的兄弟"）出生在埃罗德（印度半岛南部）的一个婆罗门——印度种姓制度中的最高等级——家庭之中，不过，他的家境却很贫寒。他通过教科书学习高等数学，自学成才，并谋得了一份会计的工作。他将自己的第一个发现（他 14 岁时就第一次提出定理）发表在了印度的专业期刊上。不过，他想获得的是英国同行（印度那时还是英国的殖民地）的认可。于是，他写信将自己的工作成果告知了位于英国首都的几位数学家。在这些信件中，有一封信件的内容给高德菲·哈代和约翰·伊登斯尔·李特尔伍德（John Edensor Littlewood，1885—1977）留下了深刻的印象。于是，1914 年，两人邀请拉马努金加入其所在的剑桥大学，在那里他先是被授予"三一学院院士"的称号，之后又当选为英国皇家学会（The Royal Society）的院士。拉马努金的健康状况欠佳，第一次世界大战期间，因粮食配给不足，患有肺结核的他身体每况愈下——因为正统印度教义规定，他必须严格吃素，这或许又加重了他的病情。1919 年，他返回家乡印度，并希望在大学中谋得一个职位。次年，拉马努金逝世，年仅 32 岁。

拉马努金在其有生之年向同行展示的发现只不过是他惊人成果中的冰山一角，他将这些成果都记录在了自己的笔记之中，对于他的后继者来说，这些笔记是名副其实的宝库。直到 2014 年，其后继者之一日裔美国人小野（Ken Ono，生于 1968 年）才给出了拉马努金某些定理的证明，而剩下的定理还有待人们去探索！人们对拉马努金的批评主要在于没有或缺乏证明。不过，经仔细研究后，他的许多公式和定理往往都被证实为真，并且在各个数学领域中也有着重要的地位：数论、发散级数、整数分拆、连根式。这些数学对象都像俄罗斯套娃一般层层嵌套，直至无穷：连分数由一个整数和一个分数之和构成，这个分数的分母也由一个整数与一个分数之和构成，而构成这个分数的分母的分数自身同样也由一个整数与一个分数之和构成，以此类推。至于连根式，则是方根的方根的方根，整数拆分则是将一个数分解为其他数的总和的艺术……毫无疑问，人们会问拉马努金的数学灵感来源于何处，有些人毫不犹豫地将其与某种形式的神秘主义联系在一起，而拉马努金本人则称他是受到了神灵，也就是其家族"女神"纳马吉里·塔亚尔（Namagiri Thayar）的启发。

2014年，印度首次拍摄了拉马努金的纪录片，片名直截了当，就叫《拉马努金》（Ramanujan）。次年，在英国制作的电影《那个挑战无限的人》（L'homme qui défiait l'infini）中，这位印度天才的一生被搬上银幕。不过，遗憾的是，这部由马特·布朗（Matt Brown）执导的电影没能在法国影院上映，观众只能通过DVD或者视频点播观看这部影片。片中的拉马努金由英裔印度演员戴夫·帕特尔（Dev Patel）出演（2008年，因在《贫民窟的百万富翁》（Slumdog Millionaire）中担任主角而为人所知）。这是一部关于著名数学家生平的电影，它（尽可能多地）谈到了数学家的工作内容。像这样的电影实属难得，即使在将真实事件改编为电影的过程中，通常存在简化、模糊处理或者事实错误，这也是人们为追求故事的浪漫性而在历史层面上做出的牺牲……这部影片的原名取自罗伯特·卡尼格尔（Robert Kanigel）的书作《知无涯者》（The man who knew infinity）（出版于1991年），直译为"了解无限的男人"，它也是该片的灵感源泉……但是，不对啊，演员表里并没有查克·诺里斯啊！其实，拉马努金此前已经在"第七艺术"中受到了最为干脆的赞扬：在格斯·范·桑特（Gus Van Sant）的电影《心灵捕手》（Will Hunting）（上映于1997年）中，数学家蓝勃［斯特兰·斯卡斯加德（Stellan Skarsgård）饰］就将他有意培养的对象威尔·杭汀［马特·达蒙（Matt Damon）饰］与印度神童拉马努金相提并论。

关于查克·诺里斯的真相

几年前，有个叫作《关于查克·诺里斯的真相》的"梗"在网络上流传。这是一系列幽默短句，用来调侃一位来自美国的空手道大师及演员所向披靡的传奇能力。

举几个例子：

"查克·诺里斯从不戴表，他说几点就是几点。"

"有时，未来也不清楚查克·诺里斯有何打算。"

"查克·诺里斯不会说谎，错的是真相。"

还有我们比较关心的与科学有关的说法："是查克·诺里斯在控制支撑地球的引力。"

与数学有关的说法也没有落下，比如："查克·诺里斯可以被零整除。""查克·诺里斯从一数到了无穷，还数了两次。"

不过，冒着激怒《德州巡警》（*Texas Ranger*）中这个英雄人物的风险，我们必须说，在无穷这个领域，他被一个比他强得多的人捷足先登了，而这个人便是格奥尔格·康托尔！因为，即使康托尔不能从一数

到无穷，但他却实实在在地将无穷列举了出来（在一定意义上），或者至少证明了一个无穷是可列的。没错，他还证明了无穷不光有两个，事实上还有好几个……无数个！

这意味着，我们还远不具备查克·诺里斯那样的本事，能从一数到无穷！

第七章

质数：不要整除以求最好

时至今日，数学家们仍试图从质数数列中找到一种秩序，但徒劳无功。我们有理由相信，这是一个人脑永远无法参透的谜题。

——莱昂哈德·欧拉

　　质数的定义连一个小学生都能理解，但它所包含的内容却将我们推向数学的尖端领域。我们依靠它来确保信息的安全，却不知道它从哪里来，也不知道如何识别它。质数就如同圣杯一般，是数学家的终极难题，解决质数问题是所有数学家的梦想。它可还没让我们吃够苦头呢！

了不起的质数

在本书所有的数学实体中，质数无疑是最容易被定义的实体之一。首先，我们在这里只讨论整数——没有小数点、分数线或根号的数！质数是一个只能被它自己（结果为"1"）和单位1（结果是……本身，你猜对了！）整除的数。"整除"的意思是"一个数除以另一个数，得到的结果本身就是整数"，就是这样！你可能会说，这有什么了不起的？是时候醒悟了，这的确很了不起！

让我们从头，即从"1"开始取整数序列（此处不将零考虑在内，光是这些就够我们研究的了）。我们不太能说"1"是真正的质数，即使它排在第一位，也能被自身和单位1整除……让我们继续数下去：因此，"2"是"官方"意义上的第一个质数，因为它只能被自己和"1"整除。"3"也是同样的情况。但"4"就有所不同了，因为除了"1"和它自己，"2"也是它的除数。因此，"4"不是质数。现在，后续所有偶数的问题就变得清晰了：根据定义，它们都（至少）能被"2"整除，所以除了"2"本身，没有任何偶数是质数。

质数究竟是什么

既然已经理解了规则，我们可以继续将质数依次列出，直到"100"，即继续列出整数中的奇数："3""5""7"（跳过"9"，因为"9"可以被"3"整除）、"11""13"……（跳过"15"，因为它可以被"5"和"3"两个数整除——现在继续数下去）"17""19""23""29""31""37""41""43""47""53""59""61""67""71""73""79""83""89"和"97"。正如我们所看到的，刚开始要找到这些质数很容易，你只需要了解乘法表。但人们在整数中越往前走，任务就变得越发乏味，这就需要具备扎实的心算能力来找出一个数的潜在除数。很快，寻找质数就变成了一项不可能完成的任务！就这样，这些数目无比庞大的数引发了最为雄心勃勃的数学挑战。

逃脱还是躲避

质数难以捉摸、神秘莫测，这使人们难以将它们从整数中识别出来并预测它们的出现及分布，这些都为小说作品带去了灵感。例如，在导演文森佐·纳塔利（Vincenzo Natali）的科幻惊悚片《立方体》（*Cube*）（1997）中，五个从未见过面的人发现自己被锁在一座由立方体组成的炼狱般的建筑里，这些立方体由气闸连接在一起。他们寻找着逃离监狱的方法，尽管他们不清楚自己是因为什么原因，以何种方式被带到这里的。当他们在房间里打转时，发现了一些致命的陷阱。在他们当中，有一位名叫乔安的年轻大学生，她对数学非常迷恋。她发现，每个隔间入口处的金属板上都刻着一个由三位数组成的数字，而每个质数都代表一个陷阱。在遇到一些房间号不是质数的致命陷阱后，她改变了这个想法：这些陷阱是由质数的平方标记的。然而，因数分解已经超出了他们的心算能力，逃离变得越发困难。不过，这并不包括其中一个不幸的"自闭症天才"——喀赞，他能够准确无误地找出质数，定位那些带有陷阱的房间（注意，对于那些还没有看过这部电影的人，我即将"泄露"结尾了！剧透警告！请直接跳到下一段！）。在经历了被困者之间的一番冲突和争斗后，他是唯一从"立方体"中逃脱的幸存者。

在另一部与之截然不同的作品《质数的孤独》（*La Solitude des nombres premiers*）[意大利小说家保罗·乔尔达诺（Paolo Giordano）的作品，于 2008 年出版。该作品曾获意大利史特雷加文学奖，并于 2010 年被改编为电影]中，出现了一个与特定的质数对有关的隐喻，那就是"孪生质数"，如"11"和"13"，"17"和"19"，"41"和"43"等。它们的特点是中间都隔着一个偶数。故事的两个主要人物玛蒂亚（一位天才数学家，她在学习期间了解到"孪生质数"的存在）和爱丽丝都曾受过童年的创伤，她们就像这些数字一样，彼此独立却又互相支撑，不可分割但又无法结合。

质数，从原始人到外星人

人们对质数的痴迷可以追溯到很久以前——我们已经知道，甚至可能从史前时期开始，它就已经成为古希腊数学家特别关注的问题。事实上，我们从距今约 2 万年的"伊尚戈骨"[一只大猩猩的腓骨，于 20 世纪 50 年代在刚果被比利时地质学家让·德·海因泽林·德·布劳考特（Jean de

Heinzelin de Braucourt，1920—1998）发现］上找到了几组刻痕，其中"11""13""17"和"19"被清晰地辨认了出来。这是从质数中提取的一组序列！纯属巧合？我们当然不能排除这种排列是偶然的结果，特别是当其他刻痕是按合数（不是整数）分组时，例如"21"。这块骨头——连同在同一地点发现的第二块刻痕较少的骨头——引起了其他一系列的算术推测，特别是计数系统的出现。有些人甚至试图将它看作人类数学思维出现的最早证明。不过，最为大胆的假设无疑是，通过上述序列，人们得以证明史前人类已经发现了质数，因为这意味着他们已经能够对数字进行深入的分析与思考。

必须说的是，我们很难在质数序列的背后看到任何东西，除了智能和地球的干预，或……外星人！我们在卡尔·爱德华·萨根（Carl Edward Sagan，1934—1996）的科幻小说《触点》（*Contact*）（1985）中找到了这个想法。卡尔·萨根是天文学家、外星生物学（外星生命假说的研究）的创始人和"SETI"计划（"寻找外星智慧生命"计划）的发起人。该计划旨在使用无线电天文学技术搜索智能生命形式发出的信号（空间电磁波的探测和分析）。这部小说的女主角正是参与"SETI"项目的研究员。有一天，她收到了一个由 2 拍组成的信号，接着是 3 拍、5 拍、7 拍、11 拍，以此类推……每一拍之间都有间隔。每一拍都对应着质数序列，一直到907！无线电天文学者坚信这个信号来自外星生物，因为这串数字序列不可能由自然现象随机产生，质数序列是一种数学真理，超越了物种、行星、生物和文化差异，是数学智能的普遍烙印。

数学"原子"

除了纯粹的挑战和数学游戏的吸引，寻找质数还有什么好处？质数对于数学家来说几乎是一个神秘的领域，因为它们就像算术的基本"砖块"、数学世界中的原子或粒子：将它们相乘，我们就能得到其他所有的整数。这就是算术基本定理的内容：任何一个整数都可以被分解成质因数的乘积，并且它们中的每一个都有自己独一无二的"计算式"。换句话说，我们可以颠倒因数的顺序，因为乘法是可对调的（在数学语言中是"可交换的"），但我们只能通过这些质数的"整合"来获得想要的数（其中有些数是重复的，如质数的平方）。这就是为什么我们把所有不是质数的数称为"合数"。

这个定理是由欧几里得在他的《几何原本》中提出的，从上面给出的质数的简单定义来看，似乎是有道理的：如果一个数不是质数，则它可以被另一个是质数的数整除（非自身或单位1），或者它自身也可以被另一个数整除，以此类推，直到"我们只得到质数"。但定义中不太明显的部分涉及每个数字都存在唯一的因数分解"公式"。直到1801年，高斯证明了这一点。在对质数的疯狂找寻中，确实存在数学极客相互较劲的成分，但这仍然是一项严肃的数学研究。在纯数学领域，质数定理和猜想——其中一些将在本章中讨论——是数论的重要组成部分，它本身就具备研究整数之间关系的特性。质数的研究在一个非常热门的领域也有实际和具体的应用：密码学，特别是针对编码和保护互联网上数字数据的紧迫问题。其中一种最有效的加密方法是，由编码器和解密器选择两个非常大的质数，第三方访问只能看到它们的乘积：实际上如果没有编码密钥，就不可能找到分解形式和原始数字。

一共有多少"质数"

通过观察第一个质数的序列，我们可以看到随着整数序列的进展，它们的间隔往往会加大。这是说得通的，因为我们处理的数字越大，它们就越有可能至少会有一个除数（除了它们自己和单位1）。所以10以下的质数有4个，而100以下的质数只有25个。除了我们将很快讨论的最大已知质数，研究低于某个阈值的质数数量本身就是一个数学挑战，自古以来就是如此。希腊人埃拉托斯特尼（Ératosthène，约前276—前194）已经计算出有168个小于1000的质数。

（！）

埃拉托斯特尼：地球的测绘员

埃拉托斯特尼是古代世界最负盛名的亚历山大图书馆馆长，他以"测量地球周长的第一人"而闻名。

他的方法执行起来既简单又有效。他知道在夏至那天，阳光会照射进赛尼的一口深井的底部：位于天顶的恒星的光线会垂直于地面。同时，他还测量了亚历山大城一个日晷（量尺）的影子长度。因此，他能够确定两条射线形成的角度，即7°10′（7度10分，1度相当于60分），这大约是地球完整旋转360°的五十分之一（1/50）。他只需要知道相应的圆弧的长度，也就是两座城市的距离。这要归功于测绘师贝马蒂斯特（Bématiste）……他通过计算骆驼的脚步来测量两点的距离！人们为他提供了亚历山大（Alexandrie）到赛伊尼（Syène，今阿斯旺）距离的测量值：5000斯达地（stades，古希腊长度单位），约 800 千米。然后他只需要将这个距离乘以 50 就可以获得地球的周长：250000 个斯达地，即 39375 千米。最引人注目的是亚历山大数学家所取得的精度：考虑到由于测量方法和所使用的单位而产生的近似值——我们不确定埃拉托斯特尼所使用的单位是多少米，很有可能他使用的是希腊长度单位（177.40 米）或埃及长度单位（165 米），因为该数值接近目前已知的最精确测量值（40008 千米），其误差小于 2%。棍子和骆驼的作用并没有我们想象中的那么糟糕！

接下来，用字母 $\pi(pi)$ 表示的这个函数被称为"质数计数函数"，即 $\pi(x)$，数 x（此处为 1000）表示在 0 和此限制之间的质数：$\pi(10) = 5$，$\pi(100) = 25$ 和 $\pi(1000) = 168$。几个世纪以来，人们通过一种既烦琐又耗时 [并且，随着极限数（x）值的增加，所耗计算时间也会增加] 的方法来计算这个 π 函数的值，这种方法被称为"埃拉托斯特尼筛法"：对于找到的每个质数，我们建立了它的倍数列表（数据表），然后将它们按照整数序列（包括 x）画掉，只需要计算剩下的数。瞧！直到 18 世纪，希腊人才计算出超过 1000 的极限。到 19 世纪中叶，我们已经成功地计算出 π 的极限是 1 亿，即 $\pi(100000000) = 5761455$。

格子法

为了计算比一个数字更小的质数，我们可以画一个格子，从最高的一排列出完整的整数数列。然后我们从数字"2"开始往下一层的格子里填写质数，这一列的每个数都是它的倍数。每一行的开头是上一行最后一个数字的后面一个数，这个数一定是质数，因为我们把倍数都用线画去了（例如"2"和"4"，因此接下来的质数列以"3"和"5"开始，以此类推）。由于一个数字只能往下填写一次，因此质数列表是由每一层的第一个数字（！）给定的（见图6）。

	2	3	4	5	6	7	8	9	10
11	12	13	14	15	16	17	18	19	20
21	22	23	24	25	26	27	28	29	30
31	32	33	34	35	36	37	38	39	40
41	42	43	44	45	46	47	48	49	50
51	52	53	54	55	56	57	58	59	60
61	62	63	64	65	66	67	68	69	70
71	72	73	74	75	76	77	78	79	80
81	82	83	84	85	86	87	88	89	90
91	92	93	94	95	96	97	98	99	100

图6

在高斯的影响下——又是他！π 函数才开始揭示它的秘密，它使人们有可能知道比给定值更小的第一个 π 函数的体积。当时高斯只有 14 岁，是不伦瑞克（Brunswick）卡罗莱纳学院（Collegium Carolinum）（相当于一所高中）的学生。

他用当时可用的数据，特别是 10 的幂，来确定质数计数函数的一般形式。通过比较已知的值，以及质数之间不断增长的差距，他得出结论：我们通过计算极限数（用 N 表示）的自然对数的商，得到了 π 函数的令人满意的近似值。

换句话说，$\pi(N) \approx N/\ln(N)$。

他改进了这个计算，最终得出了高斯关于质数的第一个猜想。确实是"猜想"，因为"数学王子"未能证明它。直到 1896 年，来自比利时的查尔斯·德·拉瓦莱—普森（Charles de La Vallée-Poussin，1866—1962）和来自法国的雅克·阿达马（Jacques Hadamard，1865—1963）各自对此给出了证明，确定了它的定理。

第一个不会是最后一个

对"质数计数函数"的研究使我们能够确认我们最初的想法：在整数序列中越往前走，质数就越稀少。于是一个问题出现了：质数最终会枯竭吗？换句话说，如果超过某个（非常大的）数字，质数就不存在了吗？有最大质数吗？因此，我们能否从有限（尽管非常大）的质数中构造出无限的整数集？冒着破坏悬念的风险，我要马上告诉你：答案是否定的！质数确实是自然整数集合的一个无限子集，我们总会时不时遇到质数。亚历山大的欧几里得从古代时期就证明了这一结果。

欧几里得因其对几何知识的汇编而闻名，他还将其不朽巨著《几何原本》中的部分篇幅奉献给了算术。他能够证明质数序列无穷大的方法即所谓的"归谬法"（也称为"反证法"）：从一个给定命题出发，证明它的逻辑矛盾，因此这个命题是错误的，由此推论出与它相反的命题是正确的。这种推理基于亚里士多德提出的逻辑原则，即"排中律"，如果一个推理是荒谬的，即两种假设都成立或失效：第三项（"tiers"——或阴性"tierce"——在古法语中是序数形容词，意思是"第三"）因此被排除在外。

许多数学定理都是基于这类证明，来自荷兰的鲁伊兹·布劳威尔曾质疑它，宣称它们在某些特殊情况下是无效的。他和他所谓的直觉派的弟子们没有诉之于它，因此未能深入研究这门学科。

就像所有的谬论一样，欧几里得提出的谬论与他想要证明的恰恰相反：在这里，质数的序列（我们还没有讨论集合）是有限的，因此存在一个质数，即 p_N，它比所有其他的质数都大，我们将它们一一列出：p_1，p_2，p_3……直到 p_N。我们将所有质数相乘加"1"得到"A"——让我们假设质数是有限的，如下公式所示：

$$A = p_1 \times p_2 \times p_3 \times \cdots \times p_N + 1$$

如果 A 不是质数，则它必须能被列表中的至少一个质数整除。然而，这是不可能的，因为通过将所有质数的乘积（直到 p_N）加"1"，我们已经确保 A 除以它们中的任何一个的余数总是"1"，而不会得到一个整数。于是我们得到结论：总是存在一个比质数 (p_N) 还大的质数 (A)！因此，质数是无限的：只要我们列出尽可能多的整数序列，我们就总会发现新的质数。

寻找"质数"

我们已经知道了质数是无限的，下一个问题随之而来：如何寻找下一个质数？随着整数越来越大，质数的间隔也越来越大，有没有什么办法来确定它们的分布？如何知道在数字序列中，下一个"质数"将位于何处？反过来，怎样确定一个给定的数是不是质数呢？

自古以来，这些问题就让数学家们深受困扰，而且……至今没有结果！在等待天才给我们揭开谜底的同时，我们仍然不知道整数序列中质数的分布遵循怎样的规则！甚至没有什么可以向我们证明这样的密钥的确存在！甚至我们上面提到的"规则"（质数的"密度"减小）也不是一条真正的规则。随着我们朝着更大的数字前进，我们越能发现"间隔"的普遍趋势：前进得越多，沿途遇到的质数也就越多，并且这些质数间隔越"小"。它们的倍数被插入比它们大的整数序列中，将它们后面的质数"间隔"开来。然而，我们无法从这种直觉中推导出关于"质数"分布的任何可靠的数学规则。质数中的两个紧挨着的、由一个偶数隔开的质数被称为"孪生质数"，哪怕在数列尽头它们也是存在的。迄今为止，还没有人成功地证明了"孪生质数"的猜想，但它们中的一对已经被发现达到了真正的天文数字，例如 $2003633613 \times 2^{195000} - 1$ 和 $2003633613 \times 2^{195000} + 1$！因此，有必要澄清我们上面所说的：当我们朝着非常大的数字前进时，质数确实会有间隔加大的趋势，但它们不会总是遵循着一定的规律，因为我们仍然能找到几乎成对的质数。直到无穷远！不过，我们也可以找到由序列分隔的质数——称为"质数空序列"——数百万甚至数万亿长的数字！

　　我们逐渐认识到了数学世界中的质数的神秘光环！尤其是，超过某个阈值，我们就不可能知道这个数是否为质数。经过五千年来最聪明的人类为解开质数之谜而进行的不懈努力，最终只有两种结果可以得到证实：对越来越大的质数的进一步研究和确定小于一定值的质数的数量。关于后者，我们知道，我们已经刻画了一个与这个极限值有关的函数 π，即小于它的质数的数目。这个方法与埃拉托斯特尼的方法不同——画去列表中所有的倍数而只留下质数，函数 π 的直接计算并没有告诉我们这些质数的位置：我们知道有多少低于所选阈值，但不知道它们在哪里！

最大的谜题

对最大质数的探求则是一场真正的较量！在这里，也同样没有一个公式能帮我们找到或识别最大的质数。我们只能证明一个——一个尽可能大的——给定数确实是质数，但不存在一个神奇公式能告诉我们某个任意数是不是质数。我们只能一个数一个数地去试，只能说找到了已知的最大质数，而这并不意味着没有更大的质数——无论如何都有，因为质数的个数是无穷的！——也不代表在旧的最大质数和新的最大质数间不存在其他的质数。

这个能够解开质数之谜的神奇公式仍然无法获得，不是因为缺乏尝试：数学家不会那么容易认输，这样的挑战更能够激发他们的动力。其中最伟大的两位数学家生活在 17 世纪，他们任职于 1635 年成立的巴黎科学院——未来皇家科学院的雏形——据信他们各自发现了这块由质数组成的"点金石"。这两位伟人分别是马林·梅森（Marin Mersenne，1588—1648）和皮埃尔·德·费马（Pierre de Fermat，1601—1665）。

！ 皮埃尔·德·费马：悬念冠军

作为图卢兹议会的法官，费马在业余时间致力于对数学的研究，但这并不妨碍他对该学科做出重大贡献：他与勒内·笛卡儿在同一时期各自独立发现了能够分割平面的坐标系统，但后人只记得它叫"笛卡儿坐标系"，却忽略了费马对这一坐标系统的确立所发挥的作用……另外，他还是创立概率论的两名伟大先驱之一，另一位先驱是布莱斯·帕斯卡（Blaise Pascal）。

费马是一位天赋异禀的数学家，却并非科班出身，他经常提出未经论证的结论。这种"虚张声势"，或者更准确地说是"猜想"，在数学史上通常发挥着重要的作用，不过有时也令人感到困惑。费马提出的著名猜想"费马大定理"可以说是"猜想之最"。他在阅读丢番图（Diophante）——一位来自亚历山大的希腊数学家，因其对方程式的贡献而被认为是"代数之父"——的《算术》（l'Arithmétique）译本时曾标注："一般来说，将一个高于二次的幂分成两个同次幂之和，这是不可能的。我确信已发现了一种美妙的证法，可惜这里空白的地方太小，写不下。"

根据现代代数符号，该定理相当于说，如果 n 大于或等于 3，则以下方程无解：

$$x^n + y^n = z^n$$

这个看起来相当简单的公式可能会产生误导，但是费马大定理的证明无疑是三个多世纪以来数学史上的重大挑战之一！我们都明白为什么这个定理始终是一个猜想，因为无论它能否证明，我们永远不会知道是什么推理致使费马得出这个结果，也不知道它是否确实有效，甚至也不知道它是如何产生的——即使它真的存在！

在几次公布的解决方案都被证明是错误的之后——运算的复杂性有时需要数月甚至数年的时间才能让数学界完成验证——1994 年，来自英国的安德鲁·怀尔斯（Andrew Wiles）提出了费马大定理的第一个有效证明。这一壮举使他获得了为任何能证明费马大定理的人而

设的沃尔夫凯勒奖（以资助该奖的德国工业家的名字命名），并赢取
了 50000 美元的奖金。1908 年，哥廷根大学设立了沃尔夫凯勒奖，但
在怀尔斯得出证明仅 10 年之后，该奖项就过期作废了！怀尔斯也在
2016 年获得了阿贝尔奖（Prix Abel）——尽管他已经超过了 40 岁，
也被授予了菲尔兹奖章[①]（1998）。

费马提出了以下质数公式：

$$2^{2^n} + 1$$

其中，n 是自然数或等于零。这些数被称为"费马数"，用"F_n"表示（n
是数列中的"排行"，对应于上述公式中的整数）。他推测，从这个公式
得到的所有数字都是质数。在"n"的前五个值中这一理论得到了确切的验
证，如下所示：

$$F_0 = 2^0 + 1 = 1 + 1 = 2$$
$$F_1 = 2^2 + 1 = 4 + 1 = 5$$
$$F_2 = 2^4 + 1 = 16 + 1 = 17$$
$$F_3 = 2^6 + 1 = 256 + 1 = 257$$
$$F_4 = 2^8 + 1 = 65536 + 1 = 65537$$

所有这些数字都是质数。但是，与伟大的费马大定理相反，当莱昂哈

---

① 菲尔兹奖是数学领域的国际最高奖项之一，因诺贝尔奖未设置数学奖，菲尔兹奖被誉为
"数学界的诺贝尔奖"。菲尔兹奖规定，获奖者必须在当年的元旦之前未满 40 岁。

德·欧拉在 1732 年证明 F_5（从 $n = 5$）——等于 4294967297——可以被 641 整除时，这个猜想被推翻了。面对如此大的数字，如果我们考虑到当时还没有电脑甚至计算器，我们就会明白为什么这些结果要等上几个世纪才能被证明，以及它们所体现的智慧之伟大！

并不是所有的费马数都是质数，非但如此，由费马计算出的那 5 个还是目前仅有的几个"费马质数"，也就是我们"唯五"能确定是整数的费马数。但这并不意味着没有更多的"费马数"，只是还没有人找到大于 5 的"n"值。

然而，费马数公式并非毫无用处，高斯在 1801 年表明，可以用尺子和圆规构造一个正多边形，其边数为"费马质数"。几年之前的 1796 年，年仅 19 岁的高斯通过这种方法确定了十七边形（具有 17 个等边的正多边形）的构造方法，并因此而崭露头角。这一壮举为他赢得了同行的钦佩，因为仅用这两件初级工具来绘制多边形的尝试——希腊数学家非常热衷于此——几个世纪以来都没有取得进展。具体来说，当多边形的边数为大于"5"的质数时，构造步骤就会受阻。

高斯随后深化了这一研究，建立了用尺子和圆规构建正多边形的标准。根据该标准，人们可以根据边数来构建正多边形：如果质因数是不同的费马数，则可以用尺子和圆规构造具有多个等边的图形——在质因数分解中，相同的数不能出现两次。几年后的 1837 年，法国数学家皮埃尔·洛朗·旺策尔（Pierre Laurent Wantzel，1814—1848）完善了该定理，并为它冠以高斯—旺策尔定理之名：前者阐述的是一个充分条件（所有符合条件的多边形都是可构建的），后者则补充说明了必要条件（只有符合条件的多边形是可构建的）。数字演示的细节可能会有些乏味，但我们可以得出结论，用尺子和圆规不可能构建一个有 7 条边（七边形）或 9 条边（九边形）的正多边形，但我们可以通过这种方式构建出拥有 65237 条边的正多边形，也就是最大的"费马质数"——在实践中，这个构造程序不仅难以实施，而且所要耗费的时间也超过了一个人的生命周期。不仅如此，所得的结果可能也无法与圆区分。不过，高斯—旺策尔定理告诉我们，要构造一个这样的图形从理论上讲是可能的！

梅森对"质数"的追逐

另一边，梅森也想出了一个构造质数的秘方，他认为按照这个方法得到的数一定会是质数。"梅森数"的构造更为简单，它们的形式如下：

$$M_n = 2^n - 1 \text{（其中 "} n \text{" 为整数）}$$

从某种角度看来，梅森在寻找质数时比费马更加走运，因为不断有人发现新的梅森数，尽管我们并不知道它们的序列是否有限。"GIMPS"项目（"搜索梅森质数的分布式网络计算"项目）（Great Internet Mersenne Prime Research）推动了对梅森最大质数的搜索。得益于具有共享处理能力的计算机工具与互联网交互，人们发现的梅森质数的数量呈指数级增长，但这种增长同时也与一个质数检验程序——或称"素性测试"（专门用来证明一个数是不是质数的测试）——有关。相较现有检验其他类型质数的程序，这个程序的运行更加快速。"卢卡斯·莱默素性测试"由法国人爱德华·卢卡斯于 1878 年发明，1930 年，来自美国的德里克·莱默（Derrick Lehmer，1905—1991）对其做出了改进，该测试的算法灵感来自法国数学家约瑟夫·傅立叶（Joseph Fourier，1768—1830）的"离散傅立叶变换"。

自1990年开始，最大质数的纪录几乎每年或每两年就会被更新一次，并且打破纪录的通常都是"梅森数"。目前，最大的质数是一个数值为 $2^{82589933} - 1$ 的梅森质数，是帕特里克·拉罗齐（Patrick Laroche）于2018年12月7日发现的。用常规的十进制法表示，这个数包含了近2500万位数字，比同年1月达到的纪录多100万！可以肯定的是，借助强大的计算机功能，我们在不久的将来将能够发现更大的"质数"："GIMPS"和电子前沿基金会联手，向发现超过1亿位数的质数的人提供15万美元的奖金。尽管梅森的公式对极大质数来说非常适用，但他仍然陷入了与费马相同的陷阱："他的"数并不都是质数——例如，如果 $n = 4$，我们将得到可被"5"和"3"整除的"15"。梅森认为，可以通过添加"n 本身必须是质数"这一条件来对这种情况加以修正，然而他却没有成功。例如，"M_{11}"是一个合数——另一种说法是，由于它可以分解为质因数的乘积，因而不是质数——而11却是质数。不过，他提出的方法对 $n = 257$ 有效，M_{257} 确实是一个质数！尽管在当时，要证明一个78位的数是质数几乎是一项不可能完成的任务！

谜题仍然存在……

对梅森和费马来说，值得注意的是，他们都没有声称自己已经建立了应用于所有质数的公式。他们只是期望他们由各自的方法得出来的数都是质数，但失败了。随后其他种类的质数开始显现，特别是"热尔曼质数"。

索菲·热尔曼，戴面具的数学家

索菲·热尔曼（Sophie Germain，1776—1831）是一名数学家、物理学家及哲学家。1776年，她出生在巴黎的一个资产阶级家庭。她先是靠着书本自学数学，后来又在当时只为男性敞开大门的综合理工学院上课。为此，她借用了一个假身份，冒充一位名叫勒布朗的前理工学院学生。热尔曼意识到，如果一部数学作品是女性写的，那么它将很有可能不被认真对待。因此，当她将自己的作品寄给约瑟夫·路易斯·德·拉格朗日（Joseph-Louis de Lagrange，1736—1813）时，留的名字是"勒布朗先生"。她寄来的信件给拉格朗日留下了深刻的印象，于是他便邀请这位"勒布朗先生"前来会面，结果却惊讶地发现自己面对的竟是一位年轻女子！这位伟大的数学家成了索菲·热尔曼的导师，他鼓励她用"勒布朗先生"这个笔名继续她的研究，同时与那些最为杰出的同行联系。就这样，在阅读了高斯的伟大著作《算术研究》（*Disquisitiones arithmeticae*）（1801）后，热尔曼便开始与之通信。在信中，两人尤其就数论进行了交流。1807年，在拿破仑军队入侵普鲁士期间，热尔曼向高斯透露了自己的真实身份，并向自己的一位熟人——将军培奈提（Pernety）说情，请求他确保这位"数学王子"的安全。高斯在一封信中激动地向热尔曼表达了感激之情，并向她的勇气和决心致敬。面对女性从事科学事业的"偏见"，正是这种勇气和决心使她得以在她的研究之路上继续前进。

在数学领域，热尔曼的成就众多，她定义了一类新的质数，即"热尔曼质数"，记为"G"，用方程表示为：

$$2G + 1 = S$$

其中，"*S*" 本身是一个已知的质数或"确定的质数"。这些数为费马的最后一个定理提供了部分解法，如果"*n*"是一个"热尔曼质数"，那么该定理就能得到验证。1831 年，年仅 55 岁的索菲·热尔曼因乳腺癌去世，但她仍然是数学史上最杰出的女性之一，也是数学领域中反对性别歧视的象征。

然而，所有这些生成质数的秘方都有一个悬而未决的遗留问题，一个令数学家饱受困扰的问题：我们能否确定一种秩序，揭开质数分布中隐藏的规律？

是谁藏在质数的背后

关于质数，还有许多尚未解决的问题，它们对世界各地的数学研究人员来说都是一种挑战。这些问题涉及一些仍有待证明的猜想，其中就有"哥德巴赫猜想"。1742 年，克里斯蒂安·哥德巴赫（Christian Goldbach，1690—1764）在写给莱昂哈德·欧拉的一封信中提出了"哥德巴赫猜想"。该猜想断言，任何大于"2"的偶数都可以写成两个质数之和。对于所有小于"10^{18}"的偶数，"哥德巴赫猜想"都已得到验证，但还没有人证明它对无限个数的偶数也都成立。另外，还有其他与质数空序列有关的猜想，质数空序列即没有任何质数存在的间隔长度。尽管数学家们怀疑，针对任意间隔长度，都有无穷多组质数对存在，但在该领域取得实质性突破的第一人，是来自中国的数学家张益唐。2013 年，张益唐得证，有无穷多

组间隔长度小于"7000 万"个数的质数对存在，后来这个数字减小到了
"10206"。然而，这并不意味着孪生质数猜想——间隔长度为"1"的质
数对——得到证明：我们只知道，存在无穷多组间隔小于 10206 个数的质
数对。不过，在整数序列中，也很有可能存在无数组间隔比这个数更小的
质数对！尽管如此，让所有数学家魂牵梦绕的证明却来自波恩哈德·黎曼
在 1859 年提出的假设，这个假设涉及"zeta"函数（ζ），后者定义如下：

$$\zeta\,(s)\;=\;1\,+\,1/2^s\,+\,1/3^s\,+\,1/4^s\,+\,1/5^s\,+\,1/6^s\cdots$$

该函数由欧拉提出并由黎曼扩展到复数域。它假定其所有"非平凡零
点"——除众所周知的负偶数以外，带入函数后取值为零的其他根——都
包含在复平面的一条狭长带子内，并且全部位于实部等于 1/2 的竖直线上。

你也许会问，这与质数有什么关系？了解"zeta"函数根的分布使人们
得以解决许多与质数分布及其分布间隔（上面提到的空序列）有关的问题。
迄今为止，电脑已经计算出了超过 1.5 亿个非平凡零点，并且所有这些根
都验证了黎曼猜想。不过，黎曼猜想还未得到证明。在剑桥克雷数学研究
所提出的七个"千禧年大奖难题"中，这个证明名列第四，对于解开它的
人，该研究所将提供 100 万美元的奖金。有人向大卫·希尔伯特提问，如
果能在去世的 500 年后复活，他想问的第一个问题是什么？他的回答是：
"有人证明了黎曼猜想吗？"这个猜想在他于 1990 年提出的 23 个问题中
排名第八。近些年，因"zeta"函数迷人的特性，以及人们猜想的它与量
子物理学之间的联系，伊戈尔（Igor）和戈里科卡（Grichka Bogdanov）兄
弟——流行但饱受争议的科学书籍作者——将其提升到了"上帝方程"的
级别，他们受到黎曼的启发，称其为"通向上帝的道路"！在经历了"π""φ"
和"ζ"之后，上帝是否已经开始习惯用希腊语来签名了？

第八章

非欧几里得几何的丑闻：
空间的颠覆

一人不能侍二主：如果欧几里得几何是正确的，那么就应将非欧几里得几何从科学的清单中删除，再与炼金术和占星术放在一起。

——戈特洛布·弗雷格

你可能想象不到自己其实是个信奉欧几里得几何的人。完全不用担心，因为除了少数几例反常情况以及某些特别专业的数学家（即便如此，也只是在他们工作的时候），我们都是欧几里得几何的信奉者。并不是说人们会相互影响，而是在我们很小的时候便耳濡目染，而这通常发生在学校里。在那里，人们年复一年地向我们灌输一些几何学的概念，使用"边长""角""线段"对我们进行轮番轰炸（这是一种比喻，但有时确实让人感到痛不欲生）。

这显而易见，我亲爱的欧几里得

我们所学的这种几何之所以被称为"欧几里得几何"，是因为它的构造原则是由公元前 300 年前后一位来自亚历山大的希腊数学家欧几里得规定的。"规定"一词主要表达的是：欧几里得并未发明几何学。尽管如此，他却知道如何归纳并展现他那个时代几个世纪以来所积累的知识，并将其整理成一个连贯而富有逻辑的整体，而这一切都被记录在一本名为《几何原本》的巨著中。书名《几何原本》直译为"元素"，它就如同砖块，或者更确切地说是地基，是整个数学大厦得以建立的基础。特别是，《几何原本》是在公理或公设的基础上构著而成的。公理与公设无须被证明，每个人都接受其有效性，它们是显而易见的真理，人们用来定义几何学的一切定理都由此推导而出。需要明确的是，由十三册书构成的《几何原本》并不仅仅涉及几何学这一个数学分支。不过，我们的讨论将仅限于与之相关的部分，同时也是数个世纪以来最引人热议的部分。

这十三册书构成了一部人类思想的杰作，其逻辑性与宏大的规模令后人所折服。1482 年，译自阿拉伯语的拉丁语版《几何原本》在威尼斯首次出版，不过它并非如今我们所看到的样子。究其原因，首先，像所有古希腊时期的数学论著一样，《几何原本》没有采用形式化的表达方式——直到文艺复兴时期及现代，形式化才逐渐被采用——也没有图形或示意图，它通过描述来表示命题，既费力又容易让人混淆（更别说还有翻译方面的困难）。其次，欧几里得这部作品的质量虽是毋庸置疑，但还远远谈不上完美。因此，此后几代数学家费尽心思对其进行了简化，并使其更加符合时代的需求。

让我们来举一个例子，这个例子对于我们理解本章的后续内容尤为有用，它就是"第五公设"，也称"平行公设"。如果我们坚持原文，就会疑惑"平行公设"一名从何而来！请大家自行判断一下："如果一条线段与两条直线相交，在某一侧的内角和小于两直角和，那么这两条直线在不断延伸后，会在内角和小于两直角和的一侧相交。"

不过，通过数学推导的魔力，我们可以证明，这个令人难以理解的命题形式，等价于另一个我们更为熟悉的命题，即"给定一条直线，通过此直线外的任何一点，有且只有一条直线与之平行"。而通过这一命题，我们又可以得到一个同样为人熟知的命题："任何三角形的内角之和都等于两个直角之和（即 180°）。"这就是我们熟悉的领域啦！

欧几里得的世界

欧几里得的继承者并未止步于革新《几何原本》，他们还对前者的工作进行了完善。其中，以阿基米德为代表的一些人甚至还对欧几里得的公设（或公理）清单进行了补充，另一些人则试图通过改正《几何原本》中的缺点来深度修复这部作品，这一点我们稍后再提。

几乎可以说，我们生来就是欧几里得几何的信奉者，因为即使抛开我们建立在欧几里得几何之上的教学不说，我们的日常环境也与这种几何完美契合。如果你想修建一栋能基本竖立的建筑，就必须保证墙体与地面及墙体与墙体之间呈直角——尽量保证相对而立的墙体间是平行的。并且，在大多数情况下，占据这些欧几里得空间的房屋建筑也都是平行的，因为即使你喜欢设计感与曲线多过于规整的形状与直角，你也仍然赞同两条平行线不会相交且永远不会相交的说法。不过，你就这么肯定？

重获人心的非欧几何

几个世纪以来，"非欧几里得几何"这种表达本身就被认为是荒谬的、反常的、矛盾的。欧几里得在《几何原本》中规定的公设（或公理）定义了几何的范围，而这也是唯一可被理解的几何。然而，当爱因斯坦在其中找到"万有引力"理论以及相对论的关键时，他不得不面对一个事实："非欧里得几何"（在剩余的篇章中通常简称为"非欧几何"）并非失去理智的数学幻想，甚至也不是纯粹的抽象之物，而是解开宇宙结构之谜的钥匙！

当非欧几何被揭示出来时，深受震撼的不仅是数学家。俄国小说家费奥多尔·米哈伊洛维奇·陀思妥耶夫斯基（Fyodor Mikhailovich Dostoevsky，1821—1881）在其中看到了他那个时代的无神论标志。在小说《卡拉马佐夫兄弟》（*Les Frères Karamazov*）中，他借书中人物伊万·卡拉马佐夫之口说道：

"如果上帝存在，如果他真的创造了地球，那么我们清楚地知道，他是根据欧几里得几何来创造地球的，并且人类大脑只能想象出三维的空间。然而，即使在今天，仍然有一些几何学家和哲学家——其中不乏最为杰出的那些人物——怀疑整个宇宙，或者从更广泛的意义上来说，怀疑所有存在之物均是依照欧几里得几何而造的这种说法。他们甚至大胆幻想，在欧几里得看来无论如何也不会相交的两条平行线或许会在无限延伸后于某处相遇。如果我连这一点都无法理解，又如何能够去理解上帝呢？我虚心承认，我没有丝毫解决这些问题的能力，我的思想是欧几里得式的地球人思想。因此，你要我们如何对不属于这个世界的东西做出判决？"

美国奇幻恐怖大师霍华德·菲利普·洛夫克拉夫特（Howard Phillips Lovecraft，1890—1937）在他的短篇小说《克苏鲁的呼唤》（*L'appel de Cthulhu*）（1928）中描述了拉莱耶这个水下城市——小说标题中所提巨怪的巢穴，它长着蝙蝠的翅膀、章鱼的脑袋——为了强调这个城市来自外星，是一种反自然及"亵渎神圣"的存在（尽管与陀思妥耶夫斯基作品中的意义不同），洛夫克拉夫特特别指出它是按"非欧几里得几何"布局的。"非欧几里得几何"在年轻雕塑家威尔考克斯的梦中得到了展现，但他注意到这种几何是"完全错误"且"不正常的"。当一队水手在这座于地震后浮出水面的城市靠岸时，出现在他们面前的是"难以捉摸的角度"，第一眼看去是凸面无误，可第二眼又发现是凹陷下去的。在这里，"一个锐角却显示出钝角的样子"。他们面对着一扇巨大的门，"没有人确切地知道它是像活板门那样水平打开的，还是如地窖外门一般斜着开关的"。此外，也没有人可以"确定大海与地面是否处于同一水平面上，并且其余一切事物的相对位置似乎都在发生变化，犹如幻觉一般"。当这扇门打开后，可怕的克苏鲁便会出现，他们注意到"在这种如梦似幻的棱柱形畸变下，运动非同寻常地沿着对角线进行，颠覆了所有的透视及物理学规则"。

我们的世界是欧几里得式的吗

人们认为非欧几何是邪恶的、亵渎神圣的，是反自然的，是古怪甚至奇异的。然而，非欧几何绝不应遭人如此嗤之以鼻，因为在仔细观察下，离我们更加遥远、更不自然、更具随机性且更为理想化的其实或许是欧几里得几何。如果我们的世界并非欧几里得式的呢？对此，我们至少可以举出两个重量级的例子：我们的地球和宇宙！

让我们从亲爱的大地讲起。我们非常清楚地知道，地面不属于欧几里得几何——除了少数顽固分子仍坚持认为地球是平的……举个例子，假使被问及从一个地方到另一个地方的最短路径，即使是取"直线距离"，我们也深知这段距离不会是一条笔直的直线。否则，它就得贯穿地壳，甚至地幔与地核！就算在飞机上，我们也无法更好地画出连接两点的一条直线，因为即使海拔增加，也依然受制于地球的曲率。

因此，我们在地球上画出的"直线"并非真正的直线。不过，这一点在我们的脑海中不会停留太久，尤其当距离较短，地球曲率可以被忽略不计的时候。

凭借几何学与天文学知识，人们将地球想象成了一个"沉浸"在绝对欧氏空间中的准球体，因而忘却了地球的非欧几何特征。然而，倘若我们仅仅停留在地球的表面，就会发现它所呈现的确实是一种非欧几何，更确切地说，是球面几何或者椭圆几何。要意识到这点，就得设身处地地像我们的祖先那样思考，回到火箭、航天飞机及空间站问世之前，回到哥白尼甚至托勒密出现之前，回到那个人类的直接经验即唯一现实的时代，要不然就把自己当作一只在气球壁上跳来跳去的蚂蚁。

而宇宙的其他部分也并非如我们想象的那般"欧氏"。1905年，阿尔伯特·爱因斯坦（Albert Einstein，1879—1955）首次在欧氏几何中增加了一个额外的维度——时间。此前，时间一直被认为与空间相互独立。1915年，他又提出了广义相对论。事实上，该理论建立的基础是因质量—能量而发生弯曲的几何学。欧氏几何中的笛卡儿坐标系由完美的网格构成，但我们已知的宇宙并非由这些网格而是由随引力的变化而变化的"测地线"（通过这个术语，我们能够联想到地表）来分割。一个既不直又不方且在某种程度上也不成直角的宇宙！

从地球到宇宙，从看似无用的数学理论思考到对宇宙奥秘的揭示，这便是对非欧几何史的简单总结。

过时的欧几里得

尽管应用与处理非欧几何是高水平数学达人的专长，但它的原理其实非常简单，只需先跟随我们的老大师欧几里得，然后再想办法甩开他！

经简化后，现代版的欧几里得第五公设指出，给定一条直线，通过此直线外的任何一点，有且只有一条直线与之平行。通过这条简单的公理，我们可以得出几何学的基本定律，尤其是"三角形的内角之和总是等于180°"这条定律。第五公设及由此产生的其他定律似乎有着不可阻挡的普适性，这就解释了为什么非欧几何身上会笼罩着一圈奇怪的光环。为了逃离欧几里得的世界，我们首先得问自己一个看似荒谬的问题：直线当真是两点间的最短路径吗？

在欧几里得空间中，该命题的正确性是显而易见的，但在何种情况下，这种论断就失效了呢？在上升到非欧几何的理论高度之前，没有什么比在地面上兜一圈更能说明问题了！如果我们想在地球表面沿着两点间的最短路径画一条线，那么这条线将不是一条直线，而是一条曲线。尝试为地球绘制地图——这项工作被称为大地测量——的科学家显然遇到了这个非常具体的问题，于是人们便把这条描述某一表面上两点间最短路径的线称为"测地线"，不论该表面曲率为何，均是如此。而直线只是一种特例，它是平坦——"零曲率"——表面的测地线（见图7）。

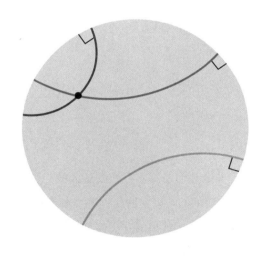

图 7　庞加莱提出的非欧几里得几何方法

不过，当我们考虑的是一个曲面时，适用于直线——这里指欧几里得第五公设以及由第五公设得出的定理——的法则就不再有效了。如果曲率为正，那么表面就是一个球面，此时，不存在任何一条线与另外一条线相互平行！事实上，在这种几何中，大圆就相当于直线，因为它与两点间的最短路线重合。不过，所有这些曲线或测地线——与地球上的经线或赤道相对应——都会在两极相交。因此，第五公设发生了改变：通过给定"直线"

（这里是"测地线"）外的一点，没有任何一条"直线"与之平行。其他公理虽未改变，但仍然产生了一些后果，比如在这种情况下，三角形的内角之和大于180°。

同样，也存在曲率为负的表面，其形状虽然不如球面那样为人所熟悉，却与马鞍或者薯片（尤其是某品牌的薯片，其包装为纸筒造型）的形状大致相符！在这样的几何中，通过同一点有无限条"直线"与给定的"直线"平行！同时，三角形的内角之和此时将小于180°！（见图8）

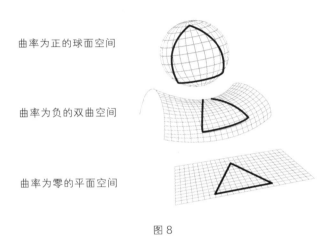

曲率为正的球面空间

曲率为负的双曲空间

曲率为零的平面空间

图 8

曲率和维数：当心混淆

乍一看，非欧几何对人们的常识造成了极大的冲击，严重违背了人们在学校中获得的几何知识，经常使人们产生混淆。通常来说，我们会习惯性地将非欧几何过度复杂化，但它其实并不复杂。事实上，我们将多维空间——四维或更多，我们将在后面讨论——与非欧几何混为一谈。

同我们熟悉的那些几何学一样，我们既可以在平面（二维）中运用非欧几何，也可以在立体的空间（三维）中运用非欧几何。我们可以增加欧几里得空间的维数，同样，我们也可以增加非欧几里得空间的维数，不过维数并不是非欧几何的特征。在上文引自《卡拉马佐夫兄弟》的段落中，这种混淆体现得尤为明显：毫无疑问，设想一个三维以上的空间要比设想一个非欧几里得空间更加困难，这是两种不同的几何思维锻炼。

这种混淆可能来自这样一个事实：正如我们在前段中简述的那样，我们对非欧几何的解释是在二维空间中，也就是在表面上进行的。这样做有一个很好的理由：举个例子，即使存在球面的三维等价物（数学家称之为"超球面"），即使非欧椭圆几何或非欧球面几何的规则对其同样适用，人们也几乎不可能将之想象出来。因为这并非将球面放入三维欧几里得空间的问题，而是要在球面上增加一个第三维度，而这个维度本身就是弯曲的！不过，不管二维空间的曲率为零、为正还是为负，它们的一切都在相应的三维空间中适用。

因此，事实上，非欧几何涉及了两个截然不同的难题，一是其多维表现，二是对于"平行公设"的审视。

非欧几何的开拓者

不过，数学家们的这些奇思怪想，这些相交的平行线、扭曲的三角形以及看似与一般经验相去甚远的几何规则从何而来呢？为证明欧几里得的第五公设，人们做出了许多努力，而矛盾的是，非欧几何的出现，在一定程度上正是源于此。

公设（或公理）是一切数学理论发展之根本，而公设的问题就在于，它们是没有经过证明的：它们必须一目了然，让人能够直接接受，这样才能作为后续证明的根基。有许多数学家都试图去巩固《几何原本》这座令人崇敬的大厦，但对他们来说，欧几里得几何的第五公设似乎并不足以令人信服。确切来说，他们怀疑这条"平行公设"（人们通常以此相称）是可以从其他公设中推导出来的，因而不是真正的公设——根据定义，公设应该具有独立性。然而通过努力，他们却得出了另一个结论，那就是"平行公设"实在太过独立，以至人们可以将其省去，并在不改变欧几里得任何其他公理的情况下，通过改动后的第五公设构建出完全自洽的几何学，而不会导致逻辑上的矛盾。

不出意料，第一个跨入非欧几何大门的不是别人，正是"数学王子"卡尔·弗里德里希·高斯，凭借其辉煌的学识成就，"数学王子"这一名号高斯当之无愧。不过，由于担心"外行人的尖声抗议"，高斯并未公开他的研究。因此，他在非欧几何方面的工作并未为他数不胜数的荣誉头衔添砖加瓦。高斯是否已经预见"反欧几里得之罪"所引发的丑闻了呢？我们很快就会看到，这份声明背后还隐藏着许多其他的动机⋯⋯

地图与领土

我们不清楚高斯何以去挑战神圣不可侵犯的欧几里得大厦，或许是他对理论与实践的双重兴趣导致了非欧几何的产生。从其他公理出发以证明第五公设的挑战只会让"数学王子"高斯兴从中来，在与之交锋的过程中，他发现了非常具体的大地测量学问题，这些问题是他在长年累月的地图绘制工作中曾经遇到过的。1818 年，汉诺威公国要绘制一张精确的地图，高斯被委以监督地图绘制的责任。在刚刚经历过拿破仑战争的欧洲，这项大地测量工作不仅有着极其重要的军事战略意义，还在土木工程，尤其是改善路网方面发挥着关键的作用。人们普遍使用的三角测量法原理简单并且很早就为人所知，但要具体实操起来却很是棘手。于是，高斯对其做出了重大改进。1821 年，为了方便实地操作，他发明了一种新的仪器，即"日观测仪"（Héliotrope）。三角测量法依赖于简单的三角计算，不过，倘若我们想要精确地计算距离——高斯不是一个会在这方面开玩笑的人——就需要求助于球面三角学并将其运用到地球表面，即一个可以被大致看成球面的"大地水准面"（géoïde）。而当我们测量球面三角形（在球面上"展开"的三角形）的内角之和时，会发现它将违背我们在校园中之所学，不再等于神圣不可侵犯的 180°，而是大于 180°。我们可以看到，因为一个"简单"的制图问题，高斯与非欧几何之间便仅剩一墙之隔。

高斯曾在大地测量及地图绘制中遭遇困难，其中最突出的便是如何将准球面投射到平面之上，不过，正是这些困难促使他迈出了建立非欧几何模型的第一步：微分几何。微分几何由意大利几何学家路易吉·比安基（Luigi Bianchi, 1856—1928）命名，但其原理却是高斯在 1828 年于著作《关于曲面的一般研究》（*Recherches générales sur les surfaces courbes*）中奠定的。要想冲破欧氏几何的束缚，最关键的思想之一便是将面看作由两个坐标描述的完整对象，而非三维欧氏空间的子集。另外，高斯还引入了曲率的概念及其计算方法，这在描述非欧几何时至关重要。后来，他还发展出了"非欧几里得几何"的原理，在此之前，"非欧几里得几何"先后被称为"反欧几里得几何"及"星体几何"。不过，他将这些研究都作为秘密保存在了笔记本中，未曾公开。

尽管高斯天才般的直觉并未被尘封箱底，但踏上非欧几何这片富饶之地的却并不是高斯这位非欧几何界的摩西。先驱的角色最终落到了其三位继任者的身上，他们分别是来自俄罗斯的尼古拉·罗巴切夫斯基（Nikolaï Lobatchevski，1792—1856)，来自匈牙利的亚诺什·鲍耶（János Bolyai，1802—1860），以及来自德国的波恩哈德·黎曼。其中，前两者分别在同一时期描述了负曲率空间，后者则描述了正曲率空间。

平行线问题

通常来说，重大的发现都有一个共同点：它们都是由好几个人共同获得的，也就是说，它们的发现者似乎都分别独立地得出了相同的结论。非欧几何的发现也不例外。如此一来，当来自匈牙利的著名数学家法尔卡斯·鲍耶（Farkas Bolyai，1775—1856）——伟大的高斯在哥廷根大学的同窗好友——向高斯展示其子亚诺什关于非欧几何的研究成果时，后者无法不将其看作一场名副其实的几何革命。不得不说，年轻的亚诺什拥有一切值得让他的父亲感到骄傲的东西：13岁时，他就已经掌握了分析力学。他是一名经验丰富的音乐家，一名才华横溢的小提琴演奏者，在维也纳（当时欧洲的音乐之都！）享誉盛名。同时，他还是一位杰出的舞蹈家与击剑手，并且在外语方面也有着非凡的天赋（他会说9种语言）。不过，自19世纪20年代开始，他就追随父亲——同时也是他的良师益友——的脚步，将大部分精力集中在了数学领域。

亚诺什研究的主要是著名的"平行公设"问题，即欧几里得第五公设问题，为解决这个问题，他的父亲已经倾注了多年的努力。第五公设似乎是欧几里得《几何原本》的试金石——但或许也是绊脚石。

起初，未能成功解决平行问题的法尔卡斯向他出色的儿子发出恳求，希望他放弃这条满是痛苦与失望的道路，因为在他看来，这是死路一条！然而，亚诺什仍然坚持不懈，并在 1820 年至 1823 年成功找到了解决问题的办法，发展出了一种全新的几何。在这种几何下，过直线外一点有无数条直线能够与之平行！面对这种颠覆性的研究方法，老鲍耶有些不知所措。不过，由于他认为这非常重要，便在 1831 年将儿子的论文作为附录发表在了自己的作品 *Tentamen*[①]（拉丁语意为"尝试"）中。通过这篇论文，亚诺什阐述了他的双曲几何（曲率为负）的模型。更重要的是，老鲍耶还提醒儿子"当时机成熟时，某些事物就会在不同的地方出现，犹如早春绽放的紫罗兰花"。没想到还真被他说中了！

法尔卡斯希望能早日看到儿子的研究结果得到发表，究其原因，可能是因为他自己也曾试图解决"平行线问题"却陷入了困境。就这个问题，他曾与昔日的同窗密友高斯进行了大量的交流。尽管高斯并未公开自己对非欧几何的发现，但老鲍耶还是怀疑在这个问题上，高斯可能已经取得了足够的进展，并得出与亚诺什相同的结论，或许还领先于他。于是，*Tentamen* 连带署名亚诺什的附录一经出版，法尔卡斯就将这部作品寄给了"数学王子"高斯，因为对他而言，高斯的评价比其他的一切更为重要。

阅读这部作品时，高斯毫不掩饰自己对友人之子的钦佩之情，他表示："这位年轻的几何学家是首屈一指的天才。"然而，这番赞美之词却掩盖了他与鲍耶父子间越发紧张的关系。必须说的是，非欧几何对高斯自身来

[①] 全名为《向好学青年介绍纯粹数学原理的尝试》，拉丁语为"Tentamen iuventutem studiosam in elementa matheosos introducendi"。

说已经不再是一个新的领域，或许在他看来，年轻竞争者的进步对他是一种威胁。于是，不久之后，高斯又给老鲍耶寄了一封信，在最初的赞扬之后，这封信的到来如同泼在其身上的一盆凉水！在信中，高斯直言不讳："你儿子工作的全部内容，他使用的方法以及他得到的结果，都与我在三十五年前的所做所得如出一辙。"

尽管高斯在发现非欧几何的时间方面可能有些夸大其词，但如今我们都知道他所言非虚，也绝非要不当占有其友人之子的新发现。几年前，在一封写给一个叫作贝塞尔的人的信件中，高斯解释到，他之所以没有就这个问题发表文章，之所以要对这一发现保密，是担心"外行人的尖声抗议"，而这封信的日期为 1829 年 6 月 27 日。

无论如何，高斯的言辞使小鲍耶怒火中烧，他甚至怀疑高斯想要击败他。在写给父亲的信中，他直截了当地批评了这位伟大的德国数学家，指责他态度怯弱。

1848 年，亚诺什·鲍耶卸下了武器，因为他发现这场"战斗"中并非只有他与高斯，早在 1829 年，一位年轻的俄罗斯数学家尼古拉·罗巴切夫斯基就已经发表了自己对于"想象中的"几何的研究成果，并通过另一种方法独立得出了与他和高斯相同的结论。

这件事使亚诺什的自尊心受到了伤害，因为这赤裸裸地证明了他的发现落后于人。他还怀疑罗巴切夫斯基这个此前他闻所未闻的名字是高斯编造出来的假名，以便他在公布其发现时免遭非议！

无论如何，可怜的罗巴切夫斯基都不应遭到如此对待：此人确实存在，他甚至还担任过喀山大学校长一职。事实上，他几乎是在公众的一片漠然中公布了他的双曲几何系统。面对非欧几何的出现，人们根本没有像高斯担心的那样发出集体抗议。

几何学家与作曲家

很长一段时间，罗巴切夫斯基都生活在高斯的巨大阴影之下，一个凭空捏造的谣言使他的名誉受损，他沦为剽窃"数学王子"研究成果的卑劣之人。20世纪50年代初，为"致敬"罗巴切夫斯基，汤姆·莱勒还为他"献"上了一首名为"Lobatchevsky"的幽默歌曲。汤姆·莱勒是一名来自美国的歌手与幽默作家，在投身音乐事业之前，他曾接受过数学方面的专业教育。他否认自己有意对这位俄罗斯数学家进行人身攻击，损害其身后之名，并声称他选择这个名字仅仅是因为它的发音。

他的灵感来自另一个唱段，在这个唱段中，喜剧演员丹尼凯耶（Danny Kaye，1911—1987）对伟大的戏剧演员及戏剧理论家康斯坦丁·斯坦尼斯拉夫斯基（Constantin Stanislavski，1863—1938）进行了讽刺：他饰演了一名唱腔极为夸张的俄罗斯演员，并用一句话总结出了斯坦尼斯拉夫斯基所提倡的表演法秘诀［后来，李·斯特拉斯伯格（Lee Strasberg，1901—1982）在他的表演学校，也就是传说中的"演员工作室"，重拾并推广了这一秘诀，并称其为"方法派表演"（Method acting）］："受苦吧！"

因此，莱勒只是将同样的模式搬到了他所熟悉的数学领域。要知道，高斯从未发表过关于非欧几何的文稿，所以，莱勒当真认为这位俄罗斯数学家无耻剽窃了高斯的成果？

确切地说，莱勒是在冷战背景下乘着反苏的浪潮顺势而为之，而可怜的罗巴切夫斯基只是遭到了"附带伤害"，导致身后之名受损。可以肯定的是，无论如何，罗巴切夫斯基都不需要通过"数学剽窃家"这个名号来名垂千古：

我永远不会忘记与伟大的罗巴切夫斯基初次相遇的日子，他用一句话就教会我在数学上取得成功的秘诀：抄吧！只是切记，一定要将其称为"研究"。

即使莱勒这么做只是为了达到讽刺与引人发笑的目的，即使他保证，选择罗巴切夫斯基的名字只是出于"发音上的考虑"，而非意在玷污他的身后之名，这项指控也是不可撤销的！然而，并没有任何证据能够坐实这项指控。的确，罗巴切夫斯基曾在喀山大学师从马丁·巴特尔斯（Martin Bartels，1769—1836）。

17岁时，年轻的巴特尔斯与高斯相识，那时，巴特尔斯是教员比特纳的助手，而高斯还是一名9岁的小学生。巴特尔斯惊讶于神童高斯的成熟老成，对他好感倍增。很快，两人建立起深厚的友谊，巴特尔斯开始引导高斯，并对他的数学天赋进行挖掘。比起传统的师生关系，巴特尔斯与高斯更像是同学与合作者，后者的早熟弥补了他们之间的年龄差距。后来，巴特尔斯去了俄国，但两人依旧保持着密切的联系。他们谈到了平行线问题，谈到了不受欧几里得第五公设束缚的几何的诞生，而高斯在第二个问题上也倾注了许多心力。

难道是罗巴切夫斯基的导师巴特尔斯向其说起了高斯关于非欧几何的见解，才使这位杰出的德国数学家的思想遭其"窃取"？除了高斯本人的反应，没有什么能够证明这种不着边际的猜测。然而，在读过这位年轻同僚的研究后，高斯的反应反倒更有利于打消这种怀疑：与对鲍耶的态度不同，高斯并未就发现的优先权向罗巴切夫斯基说事，对于罗巴切夫斯基，高斯有的只是赞美之词。或许后来，正是鲍耶的怀疑助长了抄袭的谣言。尽管鲍耶与罗巴切夫斯基的研究和推论与高斯的极为相近，但在阅读过高斯未曾发表的笔记、各种信件以及鲍耶与罗巴切夫斯基的文章后，数学史学家普遍不接受两人剽窃高斯成果的观点。高斯的确是构造出非欧几何模型的第一人，但他的两位继承者显然对此并不知晓。

不过，通过巴特尔斯与老鲍耶的帮助，高斯秘密播下的思想种子仍然得以在罗巴切夫斯基及小鲍耶的手中发芽成熟。

汤姆·莱勒：一名古怪的数学家

1928 年，汤姆·莱勒出生于曼哈顿上东区的一个犹太家庭。15岁时，他就考取了享誉盛名的哈佛大学，并在那里学习数学。不过，他的另一个爱好最终在他心中占据了上风，那就是歌曲创作，尤其是创作讽刺类歌曲。

最初，他只是把这当成逗乐同学的业余兴趣——他从小学习古典钢琴，但一直对流行音乐情有独钟。1953 年，汤姆·莱勒耗资 15 美元录制了他的第一张唱片，没想到竟首战告捷，得到了人们的口口相传。从军队归来后——1955—1957 年，他都在美国国家安全局工作，那时该部门的存在还属于最高机密——他开始在俱乐部中表演。

除了《罗巴切夫斯基》（*Lobatchevsky*）——这首歌将非欧几何的创始人之一描述成了一名卑劣的剽窃者——汤姆·莱勒的数学专业背景还为他的歌曲创作带来了灵感，比如《新数学》。这首歌讽刺了学校里教授数学的新方法，它详细介绍了一则减法的运算方法，这个方法十分难懂，但这则运算却是一则基数为 "8" 的简单运算！还有《这就是数学》（*That's mathematics*），这首歌以冷幽默的方式阐述了数学无处不在的特点。

同样是通过将科学与幽默相结合的方式，莱勒还创作了歌曲《元素》（*The Elements*），其中，他以吉尔伯特与沙利文（Gilbert et Sullivan）的滑稽音乐剧《班战斯的海盗》（*Les pirates de Penzance*）（1879）中《少将之歌》（*Chanson du Major Général*）的曲调将化学元素一一列举了出来。

20世纪60年代末期，莱勒不再登台演出，但他的唱片集仍在定期发行，他的歌曲被世界各地许多艺术家传唱，他们都声称自己受到了莱勒的影响。

他先是在波士顿著名的麻省理工学院任教，后来又在加州大学圣克鲁兹分校教授数学导论，一直到2001年才卸任。有时，他还会表演与授课主题相关的歌曲来进行解释说明！

爱因斯坦：1- 欧几里得：0：非欧几何的问世

高斯、罗巴切夫斯基、鲍耶和黎曼越过了神圣的欧几里得大厦，这恐怕激怒了他们最为保守的那些同行，因为对于后者来说，没有欧几里得的几何是无法想象的，而非欧几何的构造从理论上讲更是荒诞不经，脱离现实。尽管如此，好几个数学家却并不这么想，他们非常严肃地问自己，我们生活的世界是否真的遵守了欧几里得的几何学定理。1827年，高斯对三座成三角形的山峰进行了测量，发现该三角形的内角之和要比180°略大一些。不过，鉴于当时仪器的精确程度，人们并不能根据这一结果来判定欧几里得第五公设的有效性。考虑到地球的曲率，将其看作一个球面是很正常的。因此，地球遵循椭圆几何的规则，在其表面绘制的三角形内角之和大于180°。但让我们回顾一下，高斯曾拒绝发表他对于非欧几何的研究，这本可以使非欧几何能够对这一测量结果做出解释。另外，目标三角形的面积并不够大（在人类看来是巨大的，但相对地球来说仍然较小），使得它的曲率无法清晰显现。

1855年，罗巴切夫斯基的封山巨作《泛几何学》（*Pangéométrie*）出版。在这部作品中，罗巴切夫斯基也同样自问，哪种几何最符合自然界中观察到的现实，不过，他得出的结论并未比高斯的结论更具决定性："只有经验才能证实欧几里得公设的假说，例如，实际测量一个直线三角形的三个内角……"当罗巴切夫斯最初发表其"想象中"的几何——他如是称——时，他就谨慎地表示道："在这里，我已经提出了新几何学的基础，即便它不存在于自然界中，也可以存在于我们的想象中。"不过，他并没有放弃将这一问题交由大自然判定的想法，并且为了达到这一目的，他比高斯想得更为宏大、更为遥远。他也测量了一个三角形的三个内角，不过这三个角的顶点分别是地球、太阳与天狼星。随着距离的增加，测量的精度也相应提升，同时，将测量高度上升到星穹，也避免了一切因地球曲率而造成的变形。在计算这个意义重大的内角和时，罗巴切夫斯基所得的结果并非恰好等于"欧几里得正确"模型的180°，不过，这次测量的误差率也仍然小于当时仪器的测量精度。

那么，什么才是与现实相符的"真"几何呢？直到20世纪初期，非欧几何在这场几何模型的争霸赛中都不被看好。尽管罗巴切夫斯基没能做出判断，但他在星穹中寻找试金石的做法体现出了他的直觉，因为没人能想到，判决真的会从天而降……另外，必须说的是，这场比赛的大赢家并不是罗巴切夫斯基研究的双曲几何，而是它的孪生姊妹，由黎曼揭示的"椭圆几何"（或"球面几何"）。

　　作为高斯的学生和弟子，黎曼接过了微分几何学的大旗，将其师在非欧几何方面的工作发展成了一个连贯的整体。除了引入非欧几何的第二子类——球面几何，黎曼还制定了完善的形式规则，这使他能够对曲率不等、维数任意的非欧几何空间进行描述。

　　在绘制地图的过程中，高斯不仅要向地球的曲率做出妥协，为了模拟地表上的不规则地貌，他还得对大地测量学的概念进行发展。他在一定程度上修改了牛顿、莱布尼茨及其继任者关于曲线的微分计算原理，以使其更加适合曲面的研究：正如一条曲线越短，就越可能与一段直线相混淆；一个曲面的维数越少，就越与平面相接近。

　　黎曼继承了其师在微分几何方面的工作，并将微分几何的基本原理进行了系统化的整合。更妙的是，他还将高斯为曲面打造的研究工具推广到维数任意的空间之中，也就是二维甚至三维以上的空间之中。由于黎曼并不打算将他的研究局限在抽象几何这个有限的领域之内，这种推广就变得尤为重要。他被数学在物理学领域的应用所吸引，天才般的直觉告诉他，整个宇宙可能并非如牛顿物理学设定的那般，是一个空旷、平坦的欧式空间，而是一个三维的"微分流形"，一个弯曲的空间——"数学专家"也很难想象这样的现实！黎曼的老师高斯曾为黎曼的特许任教资格[①]论文选题，他从三个研究成果中选择了这一个。1854 年，当黎曼展示自己关于该课题的研究成果时，他在末尾隐晦地暗示了其理论的影响："这将带领

[①] 特许任教资格（Habilitation）：一个人在欧洲及亚洲的一些国家可以取得的最高的学术资格。在获得博士学位或其他同等学位后，特许任教资格需要候选人在其独立学术成就的基础上撰写一篇专业性的论文，然后提交并通过一个学术委员会的答辩。在德国，获得此资格后即可获得编外讲师（Privatdozent，缩写 PD）之衔位，英文翻译为"Senior Lecturer"。

我们从球面走向其他科学领域，走向物理学领域，但这并不是我们现今的主题。"

直到 60 多年后，一位名为爱因斯坦的人证明：这并非在空口说大话！

虽然在完成自己宏伟的理论计划之前，黎曼就因肺结核而早逝，但他仍然为后人留下了微分几何的遗产。微分几何的创造者本人也曾预感，该理论可能对物理学及宇宙规律的理解方面有着重要的意义，同时，一些杰出数学家，比如亨利·庞加莱，也找到了微分几何在其他数学领域中的应用。尽管如此，一直到 20 世纪初期，这座了不起的知识大厦才真正开始不再局限于理论几何及抽象几何的范畴。

1905 年，阿尔伯特·爱因斯坦发表了一篇文章，并在其中提出了狭义相对论，由此引发了第一次物理学革命。紧接着，几件小事也于同年发生，其中，光的双重性质得到揭示，量子物理学因此获得了决定性的进展，原子的存在与热力学的合理性也得到了证明，更别说还有一个即将取得一定成功的小小方程：$E = mc^2$……

光是"狭义相对论"这一个理论就解决了电磁学的谜题，同时前者还将后者带入了一个新的物理框架之中。在这个框架中，时空的绝对界限不复存在，取而代之的是四维时空，其中，时间和空间都可以膨胀和收缩。不过，还有一个重大的问题有待解决：引力的问题。事实上，爱因斯坦的第一个相对论只适用于做匀速运动的物体，它们的运动速度恒定，换句话说，就是没有任何加速度，没有任何的力施加于其上。引力是一种非常巨大的力量，一旦我们试图将它加入方程式中，问题就会变得无比烧脑！经过整整十年的刻苦钻研，这位现代科学界最为赫赫有名的天才才解决了这个问题。

为了拿下广义相对论这一终极目标，爱因斯坦与数学界及数学家——或者更确切地说，是某位数学家——展开了一场艰难的斗争。诚然，在那个时期，数学与物理学仍旧保持着紧密的联系，一些像亨利·庞加莱这样的人仍将两门学科放在一起研究，而在伟大的牛顿时代，人们便是如此。不过，即使物理界出现了翻天覆地的变化，越来越需要更加尖端、更加复杂的数学工具；即使新兴的物理学也同样吸引着那些最为好奇的数学家，随着专业化程度的不断提高，物理学家与数学家之间的差距也在不断扩大。

作为爱因斯坦曾经的老师，赫尔曼·闵可夫斯基（Hermann Minkowski，1864—1909）就被爱因斯坦的理论所征服。他清楚地记得，这名学生既不刻苦勤奋也不循规守纪，但其天赋却令他很是吃惊！通过将三个空间维与时间视作一个统一的四维时空，闵可夫斯基为狭义相对论概括出了一个优雅的数学表达。不过，在着手进行这项任务后不久，闵可夫斯基便英年早逝了，这项任务也因此没能完成。当时，数学巨匠大卫·希尔伯特已是行业内的领军人物，作为闵可夫斯基的朋友，他接过了这面大旗，开始致力于广义相对论的研究工作。他以挑衅的口吻总结了自己的雄心壮志："物理学变得太过复杂，光有物理学家已经难以应付……"

爱因斯坦与希尔伯特之间开始了一场名副其实的时间较量，看谁能首先得出广义相对论问题的数学解法，谁能将引力与加速物体纳入相对论的图景之中。在纯数学领域，希尔伯特有着不可否认的优势，但当爱因斯坦将复杂的数学工具与他作为物理学家的强大直觉相结合时，他的天才之处便展现出来。他比任何人都清楚如何以新的眼光来看待世间的现象与实验所得的结果，这使他得以解开谜题。就广义相对论而言，这种天才般的直觉就体现在引力与加速度的等效性上。接下来，就是使用非欧几何与由高斯首创并由黎曼推广的微分几何将这种见解"翻译"为几何语言，这对数学才能有着极高的要求。于是，爱因斯坦找来了昔日与他同在苏黎世理工学院求学的好友马赛尔·格罗斯曼（Marcel Grossmann），在对非欧几何的运用方面，他比爱因斯坦更为得心应手。有了格罗斯曼的帮助，1912—1915年，爱因斯坦全身心地投入了这项任务之中。

世界的形状

爱因斯坦的伟大成果——广义相对论——是在无比浓烈的竞争氛围和急如星火的形势之下诞生的，这在他与希尔伯特两人的通信之中可见一斑。这一成果令爱因斯坦享誉盛名，并对物理学界产生了深刻的影响。

最终，爱因斯坦向世人展示了其多年以来的努力成果，而此时希尔伯特也取得了近乎满意的结果，他输赢坦然，但也不忘对他的"对手"进行一番挖苦："哥廷根路上的每个小伙子都比爱因斯坦更加了解四维几何……但完成这项工作的是爱因斯坦，而不是数学家。"

不过，我们不应完全按照字面意思来理解希尔伯特的这番话，事实上，他所说的路上的"小伙子"是在暗指哥廷根大学的学生。哥廷根大学是当时处于时代前沿的数学研究中心，而希尔伯特自己则是其中的领军人物。可能正是这样的言论助长了爱因斯坦"不懂数学"的谣言，并使之顽固不化。学生时代的爱因斯坦虽然自由散漫，学习也不太刻苦，还对任何形式的权威都抱有抵触情绪，但他对数学知识的掌握却是超前的，毋庸置疑。狭义相对论与广义相对论的诞生相隔十年，在这十年之间，爱因斯坦不得不面对数学工具与数学概念给他带来的难题，不过这些工具与概念是如此复杂，以至身为物理学家的他无须因遇到困难而感到羞愧：只有少数水平极高的"数学专家"才知道如何运用这些知识，而爱因斯坦则不得不奋力追赶才能使它们为己所用。

虽然爱因斯坦几乎快被希尔伯特超越，但提出"引力场方程"——过程非常艰辛！——的最终还是他，这个方程使他得以通过质量与能量（$E = mc^2$ 规定两者是同一现实的两种表现形式）来描述时空的曲率。另外，我还是事先提醒大家为好：要想深入了解这个宇宙的"神奇公式"，就得学会理解和处理一个极为复杂的数学工具，那就是"张量"，要做到这一点，你需要有极大的耐心与十足的勇气。通过坚持不懈的辛勤努力，爱因斯坦终于掌握了这个数学工具，为引力与加速度间的等效性提供了一个严密合理的几何表达，证明了他的直觉。

然而，与数学之间的较量还未落幕：爱因斯坦得出的只是场方程的一个近似解，一直到卡尔·史瓦西（Karl Schwarzschild，1873—1916）的介入，才有了爱因斯坦场方程的精确解。在寻找精确解的过程中，史瓦西还遇到了一些被称为数学"奇点"的异常点——当某些变量的取值突然为无限时，其物理表达也会变得反常。最重要的是，史瓦西通过计算预见，这种数学奇点会出现在极大质量的天体附近，并将其周围的时空"吸入"——后来，人们称之为"黑洞"。那个时候，就连爱因斯坦都不相信这是真的！

尽管如此，根据亚瑟·爱丁顿爵士（Sir Arthur Eddington，1882—1944）1919 年在日食期间的观察结果，太阳的引力会使光线发生偏转——或者更确切地说，它们将沿着我们恒星引力场的测地线传播，而不会像在真空中那样走直线——这为广义相对论提供了铿锵有力的证明，同时，也使宇宙的非欧几里得性质得以确立。

欧几里得几何，信或不信

在这场非欧几何之旅的最后，我们可以问自己一个问题：我们的宇宙真的是"弯曲"的吗？欧几里得又如何会错得如此离谱呢？

事实上，我们又回到了本书开篇提到的那个问题，即数学对象的性质及实在性（或实在程度）的问题。

冒着让那些饶有兴味的数学爱好者失望的风险，我们只能得到一个兜圈子的答案，那就是：非欧几何是广义相对论得以建立的基础，这种说法只能说明广义相对论的几何是非欧几里得式的！欧氏几何也好，非欧几何也罢，它们都是用来描述现实某些方面的一种模型。

有时，为了对这个或那个方面进行说明，对这样或那样的观点做出解释，非欧几何是最为简单（确实如此）、最为有效的模型。但有时——比如修建一栋屹立不倒的房子的时候——又没有什么能比得上我们的老相识欧几里得及其永不相交的平行线。

如果说非欧几何证明了什么，那就是欧氏几何能够充分说明现实的说法已经不再成立，或者至少是言过其实了。不过，这也并不代表非欧几何已经取代了欧氏几何的霸主地位。与戈特洛布·弗雷格所言相反，欧氏几何与非欧几何并不相互排斥，它们各有各的合理之处，也能或多或少地适用于不同的情况。

除欧氏几何与非欧几何外，还有其他许多"弯曲"空间或单纯用来表示空间（或现实的其他方面）的方法，也有不同于我们在校园中所学的其他类型的几何。

其中，就有最为迷人的几何之一——分形几何。有了它，我们便能更好地理解欧氏几何范围之外的现象，在稍后的章节中，我们将会谈到。

不过先别急，在此之前，让我们再回过头去看看伟大的爱因斯坦。我们已经说过，爱因斯坦曾证明宇宙描绘的是一种非欧几何，这已经是一个既定的事实，但这种非欧几何是几维的呢？

第九章

不要再增加了！有多少个维度

直觉如何能够如此欺骗我们呢？

——亨利·庞加莱

　　方才通过非欧几何的问题，我们已经了解到"我们的"空间中三个维度的实际应用，而这也是几何学领域一位雄心勃勃的数学家可能遭遇的最为恼人的限制之一。先在这个空间——我们直接将其当作唯一的空间，不疑有他——中想象一个物体，再绞尽脑汁将它的三个维度投射到一个二维的纸面上，光是这样就已经很不容易了，不管对谁来说都是如此。如果还要用图像来表示三个维度以上的物体，又该如何是好呢？

通往多维空间的大门

和面对非欧几何时的情况一样，我们此刻的第一反应是，单纯将这些三维以上的空间看作智力的训练场、"数学专家"的游乐园，既与现实没有联系，也没有什么重大意义。我们清楚地知道，人类的感官体验仅限于我们所了解的三个维度，既然如此，为什么还要去增加空间的维度呢？

不可否认的是，如果没有解析几何这门数学工具——由笛卡儿完成建立，旨在通过坐标定位平面或空间中的每一个点——根本没有人会去想象一个三维以上的空间。我们可以在一个平面上表示"我们的"三维空间——通过映射、透视或立体错觉——同样，通过类比，我们也可以将四维甚至更高维度的空间"减少"至三维！

然而，光凭这种纯定性——不需要也不可能进行任何测量——的类比推理法，那些探索不可能空间的勇者也只能止步于此。相反，有了解析几何，只要我们能将一维、二维或三维空间中的几何对象转化为代数式，额外增加维数就不再是难以克服的障碍：只需增加一个变量即可！

18 世纪时，让·勒朗·达朗贝尔（Jean Le Rond d'Alembert，1717—

1783）提出了在已知的三个维度上增加第四个维度的想法。达朗贝尔是一名数学家，也是一名哲学家，他与德尼·狄德罗（Denis Diderot，1713—1784）合著了《百科全书》（*Encyclopédie*），其中"维度"这一词条就是由他编纂的。达朗贝尔从代数学与几何学的关系出发，介绍了维度的概念，并明确指出，尽管代数式能够表达更多维度，"但从严格意义上来讲，维度的数量只有三个，因为我们无法想象有什么能比立体的维度更高"。但很快，他就对这一论断做出了细微的调整：

"我在上面提到，我们无法想象三个以上的维度。不过，我认识一位头脑聪明的人，他认为我们可以将时间看作第四个维度，时间与实体的乘积在某种程度上就是四个维度的乘积；这个观点可能会受到质疑，但在我看来，只论其新颖性的话，它还是有一些价值的。"

［让·勒朗·达朗贝尔，《百科全书》或《科学、艺术和手工艺详解词典》（*Dictionnaire raisonné de sciences, des arts et des métiers*）第一版，第4卷，第1010页，第1751条"维度"。］

达朗贝尔并未说明这一大胆创新源自何人，但时间终将证明他的直觉是对的。法籍意大利裔约瑟夫·拉格朗日在《分析力学》（*Mécanique analytique*）（1788）一书中采纳了这一观点，却没有将其与牛顿力学的微分方程相结合。狭义相对论标志着时空作为"四维超空间"的成功。不过在此之前，数学家必须将自己从感官现实的桎梏中解放出来，让增加维度的热情肆意燃烧。

就这样，爱尔兰天文学家、物理学家及数学家威廉·罗文·哈密顿（William Rowan Hamilton，1805—1865）想到用一种四维的代数几何来表示某些超复数，并将其称为"四元数"。据说，哈密顿是在1843年与妻子散步的时候灵光一现想到"四元数"的。为使其永垂不朽，他还把描述这些数的公式刻在了布鲁汉姆桥（pont de Brougham）[①]的石头上。遗憾的是，最初的刻文——这与刻在树皮上的爱心和姓名首字母没多大不同，虽然少了些浪漫——已经被腐蚀了，取而代之的是一块纪念牌匾。

实际上，哈密顿只是拓展了卡尔·高斯的方法，将空间延伸到了四维。1811 年，高斯提出用平面上的点来表示复数——由实部和虚部组成（数学意义上的）——并将它的两个部分分别投射到两条轴上。我们知道，早在他之前，笛卡儿就曾通过相互垂直的两组坐标点在同一平面上表示函数，也就是实变量之间的代数关系。不过，如何表示复数间的函数呢？要知道，每个复数都需要通过一个二维的图像来表示。为解决这个问题，人们不得不牺牲图像表达（几何表达）的主要优势，在已知的三个维度上再增加一个维度，因为我们无法想象三维以上的空间。不过，数学家们总会多留一手，如果我们可以在一张平面的纸上找到表示三维空间的方法，那么我们也可以如法炮制，通过间接手段来想象高维空间的面貌。

因此，哈密顿的四维空间是纯代数意义上的，他声称这种空间不与任何物理现实对应，同时也无法表示超过三维以上的空间。一直到赫尔曼·闵可夫斯基对爱因斯坦的狭义相对论做出阐释，反映时空物理现实的 4D 几何才得以问世。不过，还不等获得物理学上的认可，有些人就开始对第四维度进行传播宣扬，慢慢将其植入大众的想象之中。

我的平面国

正如我们所见，数学中的空间及一系列可能性的问题远非"纸上谈

---

① 现为"Broome Bridge"，即"金雀花桥"。

兵"，它会牵涉形而上学的问题，令人头晕目眩，同时也会引起焦虑与困惑。不过，尽管非欧几何在某些人看来是蔑视宗教、亵渎神明、违背有神论的存在，但在代数式之外存在三维以上空间的想法却为一个与来世有关的寓言故事注入了灵感。

来自英国的埃德温·A.艾勃特 (Edwin Abbott Abbott，1838—1926) 头脑聪慧、兴趣爱好广泛，在他那个时代，像他这样博学多才、对所有领域的知识都有所掌握的人为数不多。他曾在享誉盛名的剑桥大学求学，后又在此任教。学生时代，他不仅在古典人文学方面出类拔萃，在数学与神学方面也表现突出。而正是数学与神学在虚幻小说领域的邂逅为他带去了灵感，使他创作出了最为奇异的世界文学作品《平面国》(*Flatland*)，而他本人也因该作品而被世人所铭记。《平面国》是一部于1884年出版的短篇小说，其副标题为"多维度的故事"①（A romance of many dimensions）。一开始，艾勃特仅仅将这个故事当作一场精彩的思维游戏，而这部作品却使他流芳百世，令其所有学术——他是一位伟大的莎士比亚学者——及神学著作黯然失色。如果我们一开始就说，这个故事是由一个正方形，或者一位正方形先生（M.Carré）亲口讲述的，我们就能明白为什么这部奇特的作品能给人留下深刻的印象了！与我们这些立体的人类一样，这个规则的二维多边形以及他的同伴都是会思考、讲道理且有感情的。

凭借着非凡的想象力与惊人的创造力，艾勃特试图让我们理解这些居住在平面世界中的平面人是如何看待世界的。因为人们可能首先会想，在这个平面世界中，这些二维的智慧生物是如何感知彼此的呢？可以确定的是，必然与我们感知他们的方式不同，因为我们是从"外部"，从他们所没有的第三维度来观察他们的。而他们只会将自己"看"成一维的线条，

———————————

① 也可以翻译为"多维度的浪漫"或"多维度的幻想"。

只有当他们在移动或感受到自身平面身体的极限时，才会感知到自己的两个维度。对我们来说，要理解"我们的"第三个维度也只能如此。

不过，《平面国》这部小说的点睛之处在于其中提到的另一个问题：平面国的人是如何感知像我们这样的三维生命的呢？或者说，在艾勃特创造的这一简单而规则的几何世界中，我们的叙述者"正方形"对一个"切割"平面国平面的三维物体会有怎样的感受呢？这恰好就是我们的正方形先生的遭遇。他遇上了一个球体，他的世界观也将因此而发生翻天覆地的变化。对一个二维生命来说，这种几何图形的出现就好似魔法或神迹一般：它先是呈现出一个点的形状，然后变成一个可以放大然后缩小的圆，最后再消失不见，而此前，它也会在某个地方突然出现。然而，这个球体其实什么也没做，它仅仅是穿过了平面国的平面，好似什么都没有发生。同样，在正方形先生的眼中，这个球体拥有让平面国的物体从平面上出现或消失的能力，但事实上，它只是将这些物体移动到了平面国的人无法理解的第三维度上。

寻找第四维度

我们可以从多个层面出发来阅读艾勃特的这篇寓言——如同小说的主题一样，我们可以说它是在多个维度上展开的！对平面国居民的风俗习惯及社会结构的描写是对维多利亚时代社会的一种讽刺，其中尤以对女性地位及社会地位晋升制度的讽刺为甚。在平面国中，社会地位的晋升通过增加多边形的边数来实现，世世代代均如此，直至晋升到统治阶级"圆"。至于正方形先生发现第三维度的情节，则是在以类比的方式说服读者，使其相信四维几何的合理性。原版的《平面国》配有大量的插图及颇具教育意义的思想实验[①]和思维练习，体现了作者普及知识的才能，几乎使数学家额外想象出来的维度变得具体可见。想象出来的维度？或许并非如此。如果说我们对世界的看法就如"平面国的人"那样局限呢？可别忘了，艾勃特也是一位有信仰的牧师。于他而言，我们对三个以上的维度视而不见可以说有着明显的寓意，甚至是人们难以接受来世存在的如实表现。

不过，正是这种多层次的阅读体验、丰富的思想内容及艾勃特风趣诙谐的写作手法——从各种意义上来看均如此——使《平面国》这部作品经久不衰。它不断激发人们的好奇心，以至出现了《平面国》的续作及电影改编作品：事实上，有两部动画电影于 2007 年发行，它们分别是由小拉德·埃林格·JR.（Ladd Ehlinger Jr.）导演的《平面国》（*Flatland*）以及由达诺·约翰逊（Dano Johnson）导演的《平面国：电影》（*Flatland: The Movie*），其中，后者是一部仅发行了影碟版的视频短片。另外，达诺·约翰逊还根据迪奥尼斯·伯格（Dionys Burger）的著作导演了《平面国 2：球面国》（*Flatland 2: Sphereland*），并于 2012 年发行。

在《平面国》出版的同一年，数学家查尔斯·霍华德·辛顿（Charles Howard Hinton）——他在当时是人们谈论的焦点，但这更多是因为他倡导一夫多妻制而因此入狱并遭到流放，而非因为他的科学工作——也发行了作品《什么是第四维度》（*What is the Fourth Dimension*）（1884）。与艾勃特在虚构小说中的所作所为有些相似（1880 年，辛顿首次就此主题发表了一篇论文，艾勃特必然从中受到了启发），辛顿也试图通过他的文章，使读者对 4D 的物体有所感知，比如等同于四维立方体的"超立方体"

---

① 思想实验：指使用想象力去进行的实验，所做的都是在现实中无法做到（或现实未做到）的实验。

（tesseract）。但不得不承认，即使运用最新的 3D 电脑动画技术，也不能使这个奇怪的物体变得更加易于理解！

因此，在 19 世纪末期，第四维度的概念已是呼之欲出——似乎尤以英国为甚！艾勃特和辛顿为普及四维空间的概念做出了种种努力，并想方设法使其不那么深奥难懂。尽管如此，使第四维度为人们所接受的办法最终还是由达朗贝尔想出来了：为其指定一个为人所熟知的变量——时间。因为与其去想象一个不可想象之物，不如以一种直观——或者大致直观——的方式去理解，直接将第四维度指定为时间这一具体的物理量，至少人们能够测量时间，也可以理解时间。人们甚至可以通过"空间化"时间变量来想象这种超空间或时空，即通过呈现一个物体——为方便起见，最好是二维的物体——的连续位置来进行想象，比如将时间呈现为一个时空"管廊"或时空"隧道"。

小说家马塞尔·普鲁斯特（Marcel Proust，1871—1922）对爱因斯坦的理论着迷不已，尽管他并不能理解其中的数学公式。在其作品《重现的时光》（*Le Temps retrouvé*）［普鲁斯特的遗著，于 1927 年出版，是其代表系列作品《追忆似水年华》（*A la recherche du temps perdu*）的最后一卷］中，普鲁斯特形容四维时空里的人是"踩着活高跷"的人，用一种诗意的表达说明了这一概念，令人印象深刻！

如果没有科幻小说的奠基人之一赫伯特·乔治·威尔斯（Herbert George Wells）与爱因斯坦——在洛伦茨、庞加莱以及闵可夫斯基等人的极大帮助下——的远见卓识，这种独具先见之明的直觉就无法成为现实并引发革命。

1895 年，威尔斯在其处女作《时间机器》（*The Time Machine*）的开篇撰写了一段哲学对话。在这段对话中，一名时间旅行者（故事中没有在任何地方提到他的名字或以其他方式指出他的身份）在一场社交聚会上辩称，时间本身就是一个维度，与空间中的三个方向如出一辙，因此我们可以按照我们所需的速度自由移动到过去或未来。为支持这一论点，这名时间旅行者提到了一次演讲，那是 1893 年，出生于加拿大的美国天文学家及数学家西蒙·纽康（Simon Newcomb，1835—1909）在美国数学学会上发表的一次演讲。而在现实当中，威尔斯本人无疑从中受到启发——尽管他提及西蒙·纽康的名字只是为了说明"一些愚蠢之人"或"一些哲学思想"的谬论。他们／它们对"这一概念理解错误"，甚至在未将第四维度与时间相联系的情况下，试图光凭类比的方式进行推理，并"以此来构造四维几何"，就如艾勃特在《平面国》中所描述的那样："你们已经知道如何在一个只有二维的平面上表示一个三维的立体图形，由此，他们确定，只要能够操作视角，就能通过三维图像来表示一个四维图像。"

至于爱因斯坦，即使他从未发现时间旅行——它认为这个想法至少在理论上是可能的——的秘密，也至少证明了第四维度不仅仅存在于科幻小说中！不过，可别忘了，将狭义相对论表达为四维几何的并不是爱因斯坦，而是赫尔曼·闵可夫斯基，并且与爱因斯坦本人所说的时空相反，闵可夫斯基时空并不是"欧氏"时空。爱因斯坦的意思可能是，狭义相对论中的时空未被质量与能量"扭曲"，所以它的曲率为零。不过，这并不是一个"简单的"4D 空间，因为第四个维度——时间有一个特性，那就是它被赋予了一个虚构的变量。也就是说，要测量时空"距离"，就必须将"t"（时间）与"i"（等于 -1 的平方根）相乘。尽管"i"并不存在，但它是虚数与复数（由一个实部及一个虚部组成）的构成基础。

维数的膨胀

对我们大多数人来说，光是承认我们的宇宙有四个而不是三个维度就已经很困难了。然而，当我们这些可怜的三维生物——人类刚要开始消化这一令人不安的发现时，物理学家又为我们准备了一个令人更加难以想象的消息：宇宙的维数很可能不少于 11 个！这一理念可能会令一般人不知所措，然而，这正是近 30 年来，基础物理学中最为流行的理论之一——"弦论"中的说法。

这些额外的维度是如何逃脱我们的注意的呢？第四维度还说得过去，因为我们能够将之与时间的概念相联系。对于时间的概念，我们是很熟悉的，但剩下的七个维度又是从哪儿冒出来的呢？为了让人们能够接受这种说法，拥护弦论的物理学家及科普学者通常会以一张纸为例，尝试向普通大众表达这一论点。我们知道纸张是三维的——此外，物理现实中不存在真正意义上的二维物体，包括一维的线与理论上定义的没有面积的点——但相对其他两个维度来说，它的第三个维度的"厚度"是如此之小，以至我们可以对其忽略不计，从而近似地将其看作平面的一部分。根据弦论的说法，所有我们看不见的维度都只在极小的尺度上延伸，就好像被"折叠起来了"一般，因而无法通过我们的眼睛或其他感官所察觉。

在这里，数学再次领先于物理学。事实上，为了描述这些"弦"或"膜"（取决于理论的不同版本）的十一维结构，也就是物质基本组成的真实形状，物理学家借助了所谓的"卡拉比－丘流形"（Calabi-Yau）（见图 9）。

1957 年，意大利人尤金尼奥·卡拉比（Eugenio Calabi）对"卡拉比－丘流形"进行了描述，20 年后，来自中国的丘成桐又为该流形制定了一套理论规则。问题是，随着弦论理论学家对多维空间组态的研究，他们发现这些组态数量众多，超乎了他们的想象——事实上，它们的数量多到即使让目前最为强大的计算机运行上几千年之久，也无法使其全部再现。

如今，我们估计它们的数量有 10^{500} 个！应该指出的是，尽管像日内瓦大型强子对撞机——为验证他们的理论，物理学家曾对此寄予厚望——这样的大型粒子对撞机威力强大，但目前仍然没有任何实验证据能够证明弦论理论模型的有效性。因此，我们现在无法知晓我们的宇宙是四维的还是十一维的，或者甚至比十一维还要多！不过，弦论告诉我们，在理论物理学波涛汹涌的海洋中，人们对数学水平的要求越来越高。

同时，它还体现了另一个数学分支的重要性与丰富性（我们已经看到，有时是难以证实的），那就是"拓扑学"。拓扑学鲜为人知却引人入胜，最重要的是，它使描述及区分"卡拉比－丘流形"成为可能。

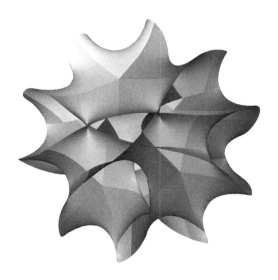

图9

第十章

另一种视角看空间：拓扑学

没有什么……会发生……只有那儿。
　　——斯特凡·马拉美（Stéphane Mallarmé，1842—1898）

　　你正在津津有味地吃着你的早餐，准备将一个美味的——尽管并不健康——甜甜圈泡到一杯牛奶咖啡里。你停留了片刻，端详着你手中的两个物品：一个甜甜圈和一个带把的马克杯。奇怪的是，你感觉它们的外貌有些相似，就好像来自同一个家族，你越是比较，这种感觉越是强烈。你看到它们在慢慢地变形、拉伸、扭曲，然后相互融合在了一起，直到变得完全一模一样。然而，你在前一天并没有放纵自己，也没有摄入什么还算合法的化学物质！去咨询眼科医生、神经科医生甚至精神科医生也都没有用：问题其实非常简单，方才是拓扑学占据了你的头脑！

另一种空间观

拓扑学是数学中最为复杂也最不为"外行人"所了解的分支之一——一般来说，在进入高等学校学习之前都不教授。尽管如此，拓扑学的基本原理从表面上看是很简单的。作为新近出现的一门学科，它提供了另一种看待空间与形状的视角，一种与一般几何学不同的视角。拓扑学既不关心角度或线段的测量，也不关心面积或体积的计算。它的研究方法不再是定量的，而是定性的——但这并不妨碍我们使用算术，而且还是异常艰深的算术。

举个例子，对拓扑学来说，所有多面体——由平面组成的立体——无论规则与否，都是一样的，就算是球体也不例外。除了都是三维立体，它们还有什么共同点呢？别找了，这不是什么圈套：它们都没有洞！你说的显而易见，我亲爱的庞加莱？然而，还要再等大约一个世纪，历经堪比连载小说剧情的种种波折后，人们才得以证明拓扑学的关键定理之一。不信你去问问某个叫作佩雷尔曼（Perelman）的人……如果你能联系到他的话！

清晨的拓扑学

在一头扎进曲折蜿蜒的拓扑学之前，让我们先回顾一下我们的晨间思考：所有"实心"立体都是相同的。同理，在拓扑学意义上，甜甜圈和带把的杯子也是等价的图形。我们称它们是"同胚的"，因为它们都只有一个洞——就马克杯而言，这个洞指的是杯子的把手，倒咖啡的杯口不是一个洞，因为它的两头是贯通的。一般来说，在拓扑学上，如果我们能通过拉伸或变形将一个图形变为另一个图形，我们就认为这两个图形是同类的，但前提是不去"打碎"或"刺破"它们。我们可以将这些经拓扑学"批准"的变换——不会改变物体的"类别"——想象成对橡皮泥（在某些"扭曲"的情况下，它必须特别柔软、特别有弹性）的塑形，而这是在橡皮泥未被拉断、切开、刺破或者粘补的情况下发生的。

现在我们就能理解，不管是金字塔还是球体，不管是多面体还是椭圆体，它们之间并没有区别，就像马克杯和甜甜圈一样，在拓扑学中，它们是一种图形的两种变体，而我们将这种图形称为"环面"。在拓扑学下，我们摆弄着橡皮泥，将看起来相差十万八千里的物体联系在一起。然而，这一怪异的几何分支，这一奇特异常的学科从何而来，又有何意义呢？

拓扑学的诞生：无法走过的"哥尼斯堡桥"

哥尼斯堡市（Königsberg）现称加里宁格勒市（Kaliningrad），它位于俄罗斯在波兰与立陶宛之间的一块飞地①之上，在第二次世界大战结束

---

① 一种特殊的地理现象，指隶属于某一行政区（或某国）管辖但不与本区毗连的土地。

前，曾是东普鲁士的首都。

最伟大的数学天才之一大卫·希尔伯特便出生于此。

另外，著名哲学家、《纯粹理性批判》（*Critique de la raison pure*）的作者伊曼努尔·康德（Emmanuel Kant，1724—1804）也在这里度过了他的一生。

康德经常在哥尼斯堡市的大街上徜徉，就像时钟一样准时。然而，在他开始散步的几年之前，拓扑学也在此地诞生，虽然只是间接性的。

哥尼斯堡确实是一个旅游胜地：穿城而过的普列戈利亚河（Pregolia）将哥尼斯堡分成了两岸，城市中心矗立着两座岛屿，河岸与岛屿通过七座桥相互连接。这样的结构给人带来了一个小小的挑战：如何在不走回头路的情况下走遍所有的桥，前提是每座桥只能经过一次，并且有必要的话，还要多次经过相同的岛屿或码头？

这个趣味性的问题演变成了一道看似无法解决的数学难题，并且一开始并没有多大意义。不过，正是这粒微不足道的种子促使了现代数学中某些最为重大的进步。必须说的是，在当时——18世纪初——一位来自瑞士的巨匠莱昂哈德·欧拉就已经开始致力于解决这个问题了。

莱昂哈德·欧拉：一位天才般的独眼巨人

欧拉是伯努利家族——赫尔维蒂[①]一个名副其实的数学及物理学世家——的宠儿，也是圣彼得堡科学院及柏林科学院（当时最负盛名

[①] 即赫尔维蒂共和国，是通过法国大革命在瑞士联邦的领域上创建的一个自治共和国。1798年4月12日赫尔维蒂共和国成立，1803年3月10日解散。在瑞士历史中这段时间瑞士被称为赫尔维蒂。

的两所科学院）中的杰出人物。同时，欧拉还是历史上最多产的数学家之一，或许也是各个学科领域最为活跃的科学家之一。如果说他的成就之多令人难以想象，那么他所做出的贡献不管是从质量、数量还是丰富程度上看都同样引人注目。作为牧师之子——同许多数学家一样，尤其是德语世界的数学家——欧拉还是一位虔诚的基督教徒，在满是不信教者的启蒙时代中孑然一身。尽管如此，他还是对启蒙运动做出了巨大的贡献！许多由欧拉发明的符号直到今天仍在使用当中——要知道，数学书写规范有着重大的意义！同时，他还为微积分计算提供了一个坚实而严密的架构，此前，莱布尼茨与牛顿已经奠定了微积分计算的基础。

欧拉职业生涯的大部分时光都是在圣彼得堡科学院及柏林科学院中度过的。在柏林科学院，欧拉不得不与腓特烈二世（Frédédric Ⅱ）的暴躁性格做斗争。腓特烈二世是普鲁士的国王，也是一位践行开明专制主义①的君主，他似乎对"他的"科学家使他相形见绌的事实感到不满。在与伏尔泰（Voltaire）的通信中，这位普鲁士统治者戏称欧拉为"数学独眼巨人"，这是对他身患残疾的恶意暗示：一次眼部感染使欧拉的一只眼睛失明，那时他才28岁。64岁时，也就是他去世前12年，欧拉彻底失明。不过，视力的丧失并未妨碍他继续工作，他的研究动力依然持续不减：凭着超人般的心算能力，他仍然通过口述完成了大量的作品。

① 开明专制主义：（英语：enlightened despotism），也称为开明绝对主义（英语：enlightened absolutism），或仁慈的专制主义（英语：benevolent despotism），是专制主义或绝对君主制的一种形式，由欧洲启蒙运动思想家所提倡。在思想上否定君权神授，认为人民应该服从君王命令或法律而并非君王本身。除普鲁士王国国王腓特烈二世外，代表人物还有神圣罗马帝国皇帝约瑟夫二世和俄罗斯帝国女皇叶卡捷琳娜二世等。

为了解决这个被称为"哥尼斯堡桥"①的问题，欧拉使用了一种极端的方法：去掉所有无用的信息，将两座岛、河的两岸以及七座桥简化成最简单的形式。他先是将岛与河岸简化成了四个点——因为一旦我们到达了某片区域（桥或码头），接下来从哪座桥上通过就成了唯一的关键——再把七座桥简化成这些点之间的连线。这种将路径简化并图解化到极致的方法催生了"图论"，同时也标志着拓扑学的开端（见图10）。

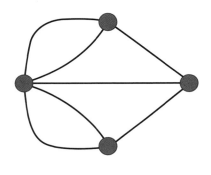

图 10

1736 年，欧拉发表了一篇名为《关于位置几何问题的解法》（*Solution d'un problème appartenanta la géométrie de position*）的论文，他并不满足于挑战"哥尼斯堡桥"问题，因为这个问题的意义本身就十分有限。他同时还提出了一个能够解决所有这类问题——比如路线优化问题——的公式，而这个公式也成为图论建立的基础。

对于任何一张与"哥尼斯堡桥"问题相类似的图，我们都将其中的点称为"节点"或"顶点"，将点之间的连线称为"边"或"线"。欧拉的结论或许会让你感到失望：他通过图论得出，梦想中的路线并不存在，在

① 著名的"七桥问题"。

每座桥只取道一次的情况下遍历七座桥是不可能做到的。每条边都通过且仅通过一次的路径被称作"欧拉路径";如果一条路径能满足哥尼斯堡散步者的心愿,在满足上述条件的同时还能返回起点——不好意思,应该是它的起始"节点"——那么这条路径就是"欧拉回路"。不过,欧拉指出,要想实现一条这样的路径,一张图就不能包含哪怕一个奇度数节点,也就是说,不能有一个节点与奇数条的边相连。在"哥尼斯堡桥"问题的例子中,四个顶点(两座岛与河的两岸)均与奇数座桥(也就是"边")相连——两座岛的其中一座与五座桥相连,另一座与三座桥相连,河的两岸也分别与三座桥相连。梦想中的"哥尼斯堡桥"漫步确实是水月镜花!

但在数学领域,像这样靠证明某事不可行而取胜的情况并不少见,因为让数学家感到满足的不是说"我通通试过了,但一无所获",而是"尽管尝试吧,这永远都不可能"!欧拉的非凡之处不在于承认自己求解"哥尼斯堡桥"问题失败,而在于他为这个问题给出了一个形式逻辑化的证明,由此开创了一门新的数学分支。还不赖吧?但对欧拉来说,这还不够,他可不是一个会半途而废的人。

拓扑学的诞生:团结一致的立体

如果说康托尔让我们两次触碰到了"无穷"——尽管并不像查克·诺里斯"完成了他的计数"——那欧拉则可以说是两次发明了拓扑学!和他的第二项成就相比,"哥尼斯堡桥"问题的解决(无果)就如同一碟小小的开胃菜。另外,他的手里还藏有一张厉害的王牌:欧拉公式!尽管除此以外,还有其他许多以他的名字命名的公式,但我们谈论的这个公式凭借其简单性与普适性，至今令人印象深刻。我们曾经保证不会让你被方程式所淹没，但这个公式着实简单且异常有效！我们要做的就是数出多面体的面数（F）、棱数（E）以及顶点数（V）（注意，我们已经离开了图论的范畴，这里的"顶点"和"棱"取的是它们在几何学中的一般定义：棱就是两个面的交汇处，顶点就是若干条边的交汇处）。然后，不论摆在我们面前的是什么凸多面体——没有"孔"——总有以下公式成立：

$$F - E + V = 2$$

通过这个简单的方程，欧拉在 1785 年发现了第一个"拓扑不变量"——勒内·笛卡儿在一个多世纪以前的 1649 年，也就是他离世的前一年就得出了相同的结果。不过，由于他并未发表这一结论，欧拉对此也一无所知。1813 年，西蒙·安托万·让拉维利尔（Simon Antoine Jean l'Huilier，1750—1840）通过增加变量"g"将欧拉 – 笛卡儿公式推广到所有的三维表面，而"g"的取值则视孔的数量而定——因此，对凸面立体来说，"g"等于"0"，而对环面，也就是甜甜圈和马克杯来说，"g"等于"1"。

长久的悬念

在欧拉的双重推动下，拓扑学发展迅速，成为 19 世纪及 20 世纪最富成果的数学分支之一。起初，它被称为"位置分析法"（analysis situs），后来，约翰·B.利斯廷（Johann B. Listing，1808—1882）将其命名为"拓扑学"（字面意思为"地点的科学"），该名称遂被科学界采用。

在那个时代，一些最为杰出的科学家为拓扑学的发展做出了决定性的贡献。1851 年，黎曼在他的博士学位论文中特别描述了一种能够保留被我们称为"拓扑不变量"的变换——就像从马克杯"变"到甜甜圈一样！虽然人们将这种变换同小孩子玩橡皮泥相提并论，但它还是得遵守非常明确和复杂的公式。

特别是黎曼将拓扑不变量与以他的名字命名的"黎曼曲面"联系了起来，而这种曲面则对应于四维空间（瞧，我们又见面了）中复变函数的表达。换句话说，不管是不是橡皮泥，拓扑学可不是孩童的游戏！不然，如何解释人们花费了将近一个世纪才证明，从一个球体中可以得到所有的立体呢？我们知道，通过拉伸、碾压、揉搓一块面团，可以创造出所有能被想象到的三维模型。不过，如果要将这一显而易见的事实转化为拓扑学的编码语言，事情就变得棘手了。

数学界另一个伟大的名字也使拓扑学向前迈出了一大步，那就是"亨利·庞加莱"。不过，他同时也为后人留下了数学史上最让人绞尽脑汁的难题之一：以他名字命名的"庞加莱猜想"。庞加莱猜想就等于将所有凸面体与球体之间的同胚关系推广到了三维曲面上，只不过，庞加莱在 1904 年提出这个猜想时，所用的拓扑学术语要比这专业得多。这一猜想的对象是所有三维曲面（或"流形"），我们在其上画出的每条封闭路线都可以收缩成一点。这就表明，在拓扑学意义上，一个这样的"流形"同一个超球面，或者说同一个 3D 球体（我们已经遇到过这个奇特的概念了，此前它的名字是"超立方体"）是一样的。

1961 年，来自美国的斯蒂芬·斯梅尔（Stephen Smale，生于 1930 年）在七维及七维以上的空间中证明了庞加莱猜想。1982 年，迈克尔·弗里曼（Michael Freeman）又证明了四维空间中的庞加莱猜想。也有其他数学家证明了该猜想在五维及六维空间中的正确性。不过，三维空间中的庞加莱猜想，也就是原始版本的猜想始终未被证明。

直到 2002 年 11 月 11 日，在 arXiv.org 网站上，一篇署名为"格里戈里·佩雷尔曼"的文章中，答案出现了。然而，这篇文章的标题似乎与这个艰难猜想之间没有哪怕一丝一毫的联系。一般来说，这个网站是专门用来发表正在进行中的工作或临时版的科学论文的，目的是避免作者在论文正式发表前就优先权的问题产生争论。按理说，人们并未想过会在这个网站上看到内容如此完善、水平如此之高的文章。不过，这位神秘的作者——俄罗斯数学家格里戈里·佩雷尔曼的行为处事从来都与众不同。

格里戈里·佩雷尔曼，圣彼得堡的隐士

佩雷尔曼是一位数学神童，他 15 岁时就在家乡（圣彼得堡，当时的列宁格勒）取得了数学奥林匹克竞赛的优胜，后来又在苏联国家奥林匹克数学竞赛中夺得桂冠。1992 年，他获得了去纽约学习的奖学金，并在那里遇到了研究庞加莱猜想的其他数学家。佩雷尔曼给他的美国同事留下了深刻的印象，这不仅因为他天才过人，还因为他不同寻常的外貌特点与行为举止。他浓密的眉毛、长长的头发、尖尖的胡子与敏锐的目光使他看起来就像数学界的拉斯普廷①（Raspoutine）！回到圣彼得堡后，佩雷尔曼沉浸在自己的研究中，几乎销声匿迹，直到在那篇著名的文章中证明了庞加莱猜想（或者更确切地说是另一个猜想，庞加莱猜想是这个猜想的衍生：如果一个得到证实，另一个也

---

① 出生于西伯利亚托博尔斯克省波克罗夫斯科耶村的农民、俄国宫廷中的妖僧。他大字不识几个，却能呼风唤雨，左右朝政，就连沙皇和皇后对他也敬若鬼怪。

将被证实）。他的工作是如此超前，以至他做出的贡献要好几年之后才被该领域的专家认可。2006 年，他被授予著名的菲尔兹奖，这对一名数学家来说无疑是最高的荣誉（与阿贝尔奖并称为"数学界的诺贝尔奖"）。

2010 年，他又获得了"千禧年大奖"的其中一个。2000 年，克雷数学研究所选定了七个"千禧年大奖难题"，并为能解决其中任何一个难题的人颁发 100 万美元的奖金，而庞加莱猜想就是这七个难题中的一个。

可以说，佩雷尔曼具备了成为数学巨星的所有条件，但他却拒绝领取这两个奖项，既没有出席菲尔兹奖的颁奖典礼，也没有领取 100 万美元的千禧年大奖！ 2005 年，佩雷尔曼从彼得堡研究所辞职，之后就似乎放弃了数学，并从学术生活中完全抽离。在他还在讲课的时候，他就拒绝拍照和录音（在其发表文章和文章得到证实的间隔期间），既不接受采访，也不公开露面，几乎大门不出，二门不迈。

他有如此行为表现的原因仍然是个谜。这是否与两名来自中国的研究者所发起的争议有关？在克雷数学研究所承认其发现之优先性之前，这两名研究者就对这一发现的专有权提出了异议。是佩雷尔曼的同行对其工作的长期的评估消磨了他的精力与耐心吗？还是说在他受到认可之前，其古怪的性格就有所表露——有些人认为他有阿斯伯格型自闭症——还是他纯粹的道德感使之对靠科学"成名"的行为毫不妥协？

无论如何，在这千禧之交，对名誉及媒体宣传的回避使佩雷尔曼成为数学界最引人注目的人物，神秘的光环环绕着他，在这点上，只有另一位天才能与之相提并论，那就是亚历山大·格罗滕迪克

（Alexandre Grothendieck，1928—2014）。格罗滕迪克在法国阿尔代什省的一个小镇中过着隐居的生活，一直到生命的尽头。1966 年，为抗议苏联在东欧的军事干预主义（颁奖仪式在莫斯科举行），他也同样拒绝接受菲尔兹奖。

拓扑珍奇屋

拓扑学不仅为数学这部"惊悚片"的高潮迭起做出了贡献——其情节超出了非专业人士的理解范围——还能用来描述和研究那些既奇特又迷人，同时还更容易"触及"的物体——至少对于某些人来说是这样。现在，让我们对其中几个物体做一个快速的介绍，它们是莫比乌斯带（或环）、克莱因瓶和毛球。

第一个莫比乌斯带构造起来非常容易：剪一段长而窄的纸带，将纸带的一端扭转半圈，另一端保持不动，然后将两端粘在一起。你刚刚构造了一个非常奇异的平面空间，因为不同于其外表，它仅仅有一个面。不信？沿着这段纸带的中间画一条线：在回到起点之前，你的线条将会覆盖这一整个不是环的环。之所以这么说，是因为你画的线——无须提笔——经过了这个"环"的"两面"（或者在你看来是两面，因为确切地说它只有一面）。更令人震惊的是，你可以沿着这条中线剪开纸带，这时，你不会得到两个莫比乌斯环，而是一个，其宽度是最初的莫比乌斯环的一半，而长度则是它的两倍！

奥古斯特 - 费迪南德·莫比乌斯（Auguste-Ferdinand Möbius，1790—1869）对这一以他名字命名的带状物进行了详细的研究，尽管在此之前，约翰·B.利斯廷（"拓扑学"一词的创始人）已经对其进行了描述，还将这样的曲面定义为"不可定向"曲面，因为我们永远不知道自己是在带状物的"上面"还是"下面"，在这里，这些概念不再有意义。我们认为自己能够区分这条"带状物"的两个相对"面"，甚至可以在捏住它时，触碰到它们。尽管如此，常识还是使我们难以承认它们实际上同属于唯一的面，而这个面只是"折叠"或者说"卷起来了"！

克莱因瓶的构造可能有点复杂，除非你知道如何毫不费力地操纵 4D 物体！事实上，由于莫比乌斯环是一个有一条边界的曲面，因此需要在三维中进行折叠——从外部看来，我们将其视为一个三维物体。而由数学家菲利克斯·克莱因（Félix Klein，1849—1925）描述的克莱因瓶则是一个没有边界的曲面，因此只能在四维空间中表示。我们多多少少可以将它想象成一个朝着自身翻转的气泡：其透视图让人联想到了荷兰艺术家 M.C. 埃舍尔（M. C.Escher，1898—1972）所绘制的图形，一个不可能存在的图形。老实说，它展现出了一个令人反胃的形象，即一个正在自我消化的胃的形象——相较之下，为了减少不适，科普学家们普遍青睐一个在自我吸尘的吸尘器的形象。我们确实可以像了解超立方体或"4D 立方体"那样，通过投射甚至 3D 动画来了解克莱因瓶（见图 11），不过，像其他那些令人着迷的对象一样，克莱因瓶始终都只存在于奇妙的数学世界当中！

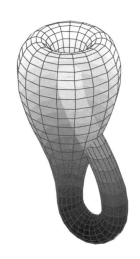

图 11

　　但是，可别带着不好的印象离开拓扑学这片茂密的森林，不要认为它与我们的日常生活格格不入，不要觉得它只局限于高深的理论范围。拓扑学同样能向你解释，为什么在你梳头的时候，不论如何努力，也总是按不住那绺翘起的头发！这个数学—毛发的主张可不是一场恶作剧，它应用到"毛球定理"中（见图 12）。

　　1909 年，来自荷兰的鲁伊兹·艾格博特斯·杨·布劳威尔提出了这个定理，他是 20 世纪初"拓扑学黄金时代"的重要人物之一。如果把我们的头缩减（放心吧，不是用希瓦罗人①的那种方式，这只是理论上的缩减）成一个球体，那么球面上的头皮以及我们的头发（只要它们不是太长）实际

① 希瓦罗人，从属于南美的一个特殊部落，他们以猎取敌人头颅的方式来庆祝胜利或宣言复仇。在割收头颅之后，他们会以一种独一无二的加工方式将头颅缩成拳头大小以便纪念保存。

上就相当于这个球体的"切向量"，所有"切向量"共同构成一个"切空间"或"切向量场"。

图 12

现在，如果我们想将它们梳理得伏伏贴贴——用数学语言来说，就等于保持向量场的连续性，避免其中一个向量突然改变方向，有别于其他与其相邻的向量——就会发现这是不可能的事，而证明不可能就是数学家的最爱。请注意，这种不可能只涉及二维的球体，如果你的一个朋友——来自地球或其他的星球——有一颗奇特的 3D 超球体头，那你可以告诉他一个好消息：他可以拥有一个无懈可击的发型啦！

所以，现在你知道要如何回击那些指责你发型凌乱的人了吧：从数学意义上讲，要把头发梳理得绝对完美是不可能的事。拓扑学，多谢啦！

第十一章

微积分：挑逗极限

第二个创造者没有权利。

——艾萨克·牛顿

数学和物理学（以及所有"数学化的"科学）之间的关系问题可以重现鸡和鸡蛋的旧难题。究竟是数学为科学提供了概念、定理、公式这些研究工具，还是因为人类想要了解世界的运作方式，才发展出了解决科学大谜团所必需的数学？数学的一个完整分支——微积分也就是微分和积分的计算完美地阐释了第二种情况。微积分在现代数学的图景中不可或缺，近三个半世纪以来，它的重要性始终如一，它在几乎所有科学学科以及纯数学领域中的应用不胜枚举。它的发展构成了数学史上最浪漫的一页，一部真正传奇的小说，其中充满了背叛、争吵与曲折！最后，分析力学或者说数学物理学取得了辉煌的胜利，其绝对的统治地位一直延续到了 20 世纪初期。否则，如何在数学的无穷小（小到几乎为零）中发现宇宙的奥秘呢。

定夺胜负：牛顿与莱布尼茨相距一毫

微积分的诞生有一个特点，虽然这在数学史上没有什么好稀奇的，但同样给人留下了深刻的印象：这个孩子有两个父亲！重要的是：在我左边的是艾萨克·牛顿爵士本人，"万有引力"理论的伟大创始人；我的右边是数学家及哲学家戈特弗里德·威廉·莱布尼茨，点燃欧洲启蒙运动之火的最杰出的人物之一。然而至少我们可以说，这种共同抚养孩子的方式并不是最理想的。在深入这一激烈争论的核心之前，我们必须试着理解微积分是什么，以及这一发现的意义所在。为此，在希望不表现出丝毫偏袒，保证公平公正的情况下，我还是先从艾萨克·牛顿爵士开始讲起更为合适。

艾萨克·牛顿，一个全能型的天才

艾萨克·牛顿的出生日期是一个不确定的话题，并开始模糊历史与传说之间的界限。最常见的说法是他出生于 1642 年 12 月 25 日的圣诞节：

根据英国当时实行的儒略历，这个日期是正确的，但在意大利更为盛行的公历中，这相当于 1643 年的 1 月 4 日。不过，也有人称，他出生的那年，伽利略正好逝世（伽利略于 1642 年 1 月 8 日逝世）！面对这两位重量级的数学天才，人们很难不去想象他们在命运上可能会有的联系。而且，对那些阿谀奉承之士来说，将他描述成"科学的神圣之子"以及其杰出前辈伽利略的转世，无疑是一种极大的诱惑。

牛顿是一名富有农民的独生子，其父亲在牛顿出生前三个月就去世了。牛顿 3 岁时，其母亲再婚，并与其新婚丈夫一起离开，走时她将牛顿托付给了其祖父母。8 年后，尽管再次丧偶的母亲带着另外三个孩子返回，但这次创伤却给这位未来的现代物理学创始人留下了严重的情感后遗症，给他在人际交往方面带来了巨大障碍，并使他成了一个性格粗鲁之人。

他的母亲同意他继续学习而不用接管其父的营生。1661 年，牛顿进入著名的剑桥三一学院。1665 年，一场瘟疫暴发，大学为控制疫情而关闭了校园，牛顿便回到了家乡伍尔斯索普（Woolsthorpe），这种情况在他回到剑桥几个月后的第二年再次上演。不过，这几年仍然是科学史上最为重要的一段时光——与 1905 年"爱因斯坦奇迹年"齐名。24 岁时，牛顿就为所有日后使他成名的理论奠定了基础，并且在其漫长的余生中，他几乎都在深化、改进和纠正这些理论，它们是"万有引力"及其数学前提"流数法"，以及建立在诸多著名实验（其中尤以棱镜实验为甚）基础之上的光与色的理论。

据说，牛顿正是在被迫待在伍尔斯索普的漫长日子里得到了"万有引力"的启示，他在果园里观察月亮并将其与苹果相比较，想知道为什么苹果会掉落而月亮仍然悬挂于天空。答案是，月球像苹果一样，也会受到地球引力的影响落向地面，但由于其运行轨道太宽，因而只能在目标周围打转而永久性地"错过了"它！不过，这一顿悟是由他人叙述的，牛顿本人从未留下相关的书面文字。因此，与其说这是历史事实，不如说是围绕这位伟人的一则故事。在一个夺人眼球的"阉割版"故事中，人们甚至将这位物理学家的灵光乍现归功于落在他头上的苹果。另一位（"第九艺术界的"）天才，漫画家兼连环画编剧马塞尔·戈特利布（Marcel Gotlib，1934—2016）变着花样地描绘这一情景，使其广为流传！

牛顿不仅在科学领域光芒四射，在组织机构中也身份显赫。他于1672年加入著名的英国皇家学会，其成员对他设计和组装的创新性望远镜印象深刻——他既是一位技艺精湛的工匠，又是一位杰出的理论家，在抛光镜片时，他近乎偏执，其镜片的精确度在当时无与伦比。1703年，他被选为英国皇家学会会长，直到1727年逝世时才卸任。1689年，他还被选为议会议员，1699年被选为铸币局局长。

尽管数学和物理学方面的工作在牛顿漫长的一生（85年）中占据了很大的比重，但他也对许多其他工作兴致勃勃，其中最主要的一项便是炼金术。这让那些希望他成为理性科学拥护者的人感到震惊，但值得注意的是，这种晦涩难懂的艺术当时正在经历着一场转变［用炼金术术语来说，一场"质变"（transmutation）］，尤其在实验科学先驱罗伯特·波义耳（Robert Boyle，1627—1691）的推动下，现代化学由此诞生。

此外，文艺复兴时期科学革命的许多伟大人物，例如第谷·布拉赫（Tycho Brahe，1546—1601）和约翰尼斯·开普勒（Johannes Kepler，1571—1630），也都从事炼金术和占星术，并从它们的文本和符号中获得启发。或许因为担心声誉受损，牛顿在生前并没有发表他关于炼金术的工作，也没有进一步透露他的神学思想。

他对此缄口不言的原因很明显：这会被英国圣公会认为是在亵渎神

明，给他带来地位下降、失去公职的风险。事实上，他对《圣经》（他阅读的文本是希伯来文的）的深入研究使他成为阿里乌主义学说的拥护者，他反对"三位一体"并质疑耶稣基督的神性。

牛顿：宇宙的破译者

看到艾萨克·牛顿在一本专门讨论数学的书中占据如此之多的篇幅并被赋予如此重要的地位，有些人可能会感到惊讶。诚然，是其作为物理学家的成就使他名列历史上最伟大的人物之一。但是，一方面，这忽略了他在纯数学领域的重要贡献；另一方面，如果没有数学大厦作为基础，牛顿就无法构想出他的伟大成就——"万有引力"理论。可以说，牛顿是从无到有（我们稍后就会看到，开始几乎真的是什么都没有）建立起了这座被他称为"流算法"的数学大厦。

当牛顿接受这项巨大的挑战，开始破译谜一般的大自然之书（正如伽利略所说，这本书是用数学语言写成的）时，主要——几乎可以说是一半——的工作都已然完成。德国天文学家、数学家开普勒发现了后来以他的名字命名的三大定律，这些定律支配着行星的运行轨迹。其中最重要的一条规律解释了为什么尽管哥白尼使用了日心说模型——与托勒密的地心说模型相比，日心说模型本应使情况更加简单——但还是未能成功消除行星轨道计算中的许多错误。开普勒发现，与自古希腊时代以来人们的想象相反，这些恒星并没有遵循圆形轨道，而是遵循椭圆轨道，也就是呈椭圆形的轨道。并且，天体所围绕的恒星或行星并未处于轨道的中心位置，而是位于椭圆两个焦点的其中一个上。

天文学家对行星以及其他自然卫星的位置进行了记录，尽管这些记录与开普勒的解释更为相符，但对像牛顿一样希望破译宇宙所有真相的人来说，这确实意味着一个额外的难题。在椭圆轨道上，恒星的速度不是恒定的。如果以太阳系中的行星为例，当一颗围绕太阳转动的行星接近太阳时，其速度会加快，并在快要"碰着"太阳，也就是到达"近日点"时达到最大，接着它的速度会逐渐降低，并在到达距离太阳最远的"远日点"时达到最低。开普勒第三定律或"面积定律"间接地描述了这一点，该定律指出，行星的轨道（或者更确切地说是它与围绕恒星之间的连线）在相同时间内所扫过的面积相等。

因此，天体转动的速度并不恒定。今天，让我们很难理解的是，这一发现为什么会让当时的科学家陷入困惑和尴尬。这是因为他们没有工具，或者说没有必要的数学工具来处理这些变化的速度。

通过极限解决

为了更好地理解牛顿所面临的困难以及他克服这一困难的绝妙想法，让我们用匀速运动的物体来举个例子。物体的位移可以用一个简单的函数来表示，因为将时间（位移的持续时间，记为"t"）与一个常数，在这里也就是速度（v）相乘，就可以得到该物体移动的距离（d）。我们可以将这个连续函数写成"$d = v \times t$"，因为它是一条直线，所以可以用一个简单的图像来表示（见图 13）。

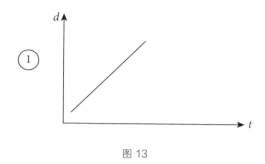

图 13

　　假设我们不知道物体的速度，但可以记录它在给定时间的位置，那么剩下的就是将这些结果以点的形式绘制在图表上，并将它们连接起来（纵轴表示"距离"，也就是"纵坐标"；横轴表示"时间"，也就是"横坐标"）。理想情况下，这些点应该位于同一条直线上——尽管在实践中，我们需要考虑一定范围的误差并寻求最佳近似值，但结果仍然会是一条直线。想要知道物体的速度，就只需再做一个简单的计算：在直线上任取两点（它们之间的距离越远，结果就越精确），将它们的纵坐标相减，然后再用它们的横坐标差除以纵坐标差。这一步骤就相当于是在计算直线"上升"了多少个单位——也就是计算它的斜率，与函数的增长率相对应——也就是说，在这种情况下，物体在每一单位时间内移动的距离。我们用数学语言总结如下：

$$v（速度）= d（距离）/t（时间）$$

　　然而，当我们处理的是一个速度随时间变化而不再恒定的物体时，又该如何做呢？如果这些变化是突然发生的，我们就会得到几条相接的线段（见图14），此时，我们可以像先前那样对每条线段进行处理，以确定它们的"斜率"（或增长率），这将与物体各个时间阶段的速度相对应。不过，就牛顿最为关注的天体而言，由于所有天体的速度都会发生变化，它们的演变轨迹将不会呈现为一条直线，也不会是一系列的线段，而是一条曲线（见图 15）。另外，天体的速度不仅会发生变化，而且这些变化还将是逐渐平稳的。

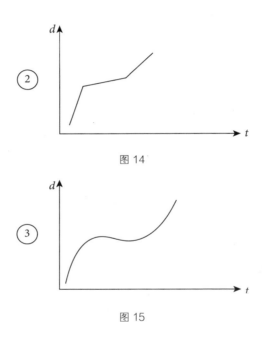

图 14

图 15

不过，如何测量一条曲线的斜率呢？有了斜率，我们就能知道作为研究对象的物体在某一给定时刻的速度，从而知道它在每一时刻的速度。代数对我们没有帮助，因为在描述这种曲线的方程中，距离和时间之间的关系不再简单，其中涉及未知数（例如速度）的平方，这使求解变得更加困难。假如我们将这个问题交给几何学来处理，则很难进一步深入，因为曲线本身的斜率每时每刻都在变化，而根据几何学的定义，我们不可能知道一个点的"斜率"。因此，要计算增长率（这里指速度），至少需要两个点。但如果它们相距太远，我们看到的结果就可能出现偏差（在这两点之间，速度会发生很大的变化，我们将不知道该取哪个速度，最多只能估计出一个平均值）。那如果它们距离更近一些呢？来吧，我们就快找到答案了。

我希望读者能原谅我这种稍微有些学术性的介绍，不过，对于了解牛顿发现的重要性来讲，这是很有必要的。牛顿得出的问题大致如下：为确定某一给定时刻的速度，两点之间的距离要有多近才能使速度的持续变化像拍照那样，在某种意义上"被定格"呢？如果必须用几个字来概括牛顿的回答的话，那就是：能隔多近就隔多近！多么令人困惑的答案！

但这个答案凝聚了微积分的全部"精神实质"，为了更好地理解它，想象我们正试图用火柴给曲线描画！如果我们取用的是整根火柴而曲线的弧度又比较明显，那我们就只能沿着曲线的走向非常粗略地描画，得到的轨迹也会相差甚远。不过，如果我们不断将火柴切成越来越小的小段，就能设法用它们将整条曲线遮盖起来，直至肉眼无法分辨。而要找出任意一点的斜率，则只需拿出放大镜，然后计算小火柴段延伸线的斜率即可！

因此，这基本上就是牛顿提出的解决方案：将火柴切得越来越小！当然，他并没有用这样的词句来表述——更不是以这种方式构想的——他的解决方案。而要将这个绝妙的想法付诸行动，则需用到这位天才所具备的所有数学知识及技能。因为"火柴法"（如果可以这么称呼它的话）只是一个思想实验，旨在说明微积分背后的基础原理，而在实践当中，这种方法既烦琐又低效。在寻找加速物体之谜的答案时，牛顿诉诸的并不是几何学而是代数学。我们在前面说过，在运动速度非恒定的情况下，其对应函数的解法要比"简单函数"（我们称之为"线性函数"，因为它们的图形表示是一条直线）复杂得多。牛顿的方案表明，将曲线分解成足够小的线段

（我们的"火柴段"），我们就可以从每条小线段中得到一个新的函数。这些函数后来被称为"导函数"，因为它们是从起始函数中"导出"的，表达了起始函数的变化率。在我们选择的例子中，表示物体位移函数的导数将不再表示位置，而是表示运动物体在每一时刻，即每一点处的速度，其取值与时间变量相关，并且等于覆盖在该点周围曲线上的小线段的斜率。凭借非常精确的公式，牛顿指出，人们能够计算出一个给定函数的导数，它比"导出"它的那个函数更加简单，也更容易求解。在对运动物体的研究应用中，导数直接给出了加速物体在每一时刻的速度。

让我们补充一点，为了方便起见，到目前为止，我们只考虑了速度发生变化但加速度（该速度的变化率）保持不变的情况。然而，微积分对运动学（运动研究）的意义在于，它还可以处理加速度本身不恒定的情况。在这种情况下，图中曲线所表示的，是描述速度——而非位置或距离——随时间变化的函数。计算速度的函数是描述距离（或相对于起点、原点或参考点的位置）的函数的导数，同理，计算加速度（总是随时间的变化而变化）的函数则是描述距离的导数的导数（或二阶导数）。因为求导的操作可以根据需要进行无数次！

牛顿将这种方法称为"流数法"。"流数"是指一个数量（称为"流"）在一定时间内的变化，这段时间要尽可能短。多年来，将这一数学发现应用于物理学问题的牛顿收获满满，他由此建立了"万有引力"理论。不过，他并没有就"流数法"发表任何论文，只是在私下里对那些原理进行了阐述，并将它们记录在自己的笔记本上。这位伟大的英国物理学家不曾料想，伏尔泰（顺便说一下，伏尔泰是他在法国的主要引导人和捍卫者之一）所说的话是多么正确，他说："英雄所见略同。"但这不见得是件好事。

与此同时，在欧洲大陆上……

通过一个万能的数学公式，"万有引力"理论将天体力学与地面力学合二为一，从而彻底颠覆了物理学。1684 年，正当牛顿在"细细打磨"他的理论时，德国哲学家、数学家莱布尼茨发表了一篇论文，提出了他所谓的"微积分学"。然而，不管从哪方面看，莱布尼茨的这一发现都几乎与牛顿多年来一直在研究的"流数法"完全相同！牛顿在其伟大著作《自然哲学的数学原理》（*Principia mathematica*）中阐述了"流数法"的发现，不过这本著作的首次出版时间（拉丁文版）是在三年后的 1687 年。可想而知，当这位英国学者读到莱布尼茨的文章时，是多么怒不可遏！或者更确切地说，如果你不熟悉他的性格的话，就不会知道……

在发表这样一个决定性的发现时被人捷足先登，光是这一个事实就足以使最为沉稳冷静、云淡风轻的学者勃然大怒了。而针对牛顿的情况，事情就更为严重了，这不仅因为他天资甚高，还因为他与众不同的个性。或许，这在很大程度上是受其童年创伤的影响（母亲的离去）。牛顿情绪不稳、敏感多疑、孤高自傲，在面对他的对手或竞争者时往往态度轻蔑。如果有人问你，你最希望与过去的哪个人物交往时，牛顿的名字肯定不会出现在清单的前列！如果有人对他提出异议，针对莱布尼茨的情况，牛顿的愤怒归咎于两个原因：莱布尼茨不仅在其著作出版的几年之前发表了文章，使他仅以"一步之差"成为莱布尼茨的手下败将；并且，他还有理由怀疑，此人剽窃了他的研究成果！牛顿确实曾向莱布尼茨告知了他关于"流数法"的新发现，尽管是在一封加密信中！然而，这种做法在数学家之间并不稀奇，更别说牛顿似乎还对此尤为钟爱。

如果我们就此打住，那对于莱布尼茨的指控可谓证据确凿。尽管在那个时期，版权和知识产权还不受法律的保护，但对学者来说，这更像一个有关荣誉与诚信的问题。据说，在从一封由牛顿亲笔写的加密信中得知其关于"流数法"的发现后，莱布尼茨只是重拾了前者的工作并将其"改头换面"：他采用了不同的符号，还将"流数法"更名换姓为"微积分学"。但在仔细研究信息来源后，史学家们得出了一个完全不同的结论：虽然看起来不可思议，但这两名天才确实几乎在同一时期各自独立发现了微积分学！牛顿在给莱布尼茨的加密信中没有给出任何证明，并且由于信中的信息太过简洁与零碎，莱布尼茨不可能简单"复制"研究成果，再将其包装在一个新的符号系统之内。

不一样的战斗

尽管两位数学家得出的结果大致相同，但他们的出发点却不尽相同。牛顿试图解决运动学（物理学中研究运动物体的部分）、速度和加速度的问题；而就莱布尼茨而言，他是从纯粹的数学角度出发来解决这个问题的，目的是要确定曲线在任意一点处的切线。切线是一条与曲线相接触的直线，如果我们让一段圆弧从切线处经过，那么该圆的半径将经过"切点"（切线与曲线相"接触"的点）与切线垂直。而"切点"就是火柴所在的地方：如果我们能够将短小的直线段（或火柴段）与曲线的路径重合，那么将线段延伸后，我们就能得到该曲线于某一给定点的切线（大致位于线段的中心位置，但随着"火柴"越变越短，线段的两端也将愈加难以分辨）。而某曲线切线在某一点处的斜率则等于该曲线函数在同一点上的导数。因此，切线和导数是同一个问题。另外，已知某一曲线函数的导数——对应曲线切线的斜率——也可以确定该函数的局部最大值和局部最小值，也就是曲线弯曲方向发生变化（从由上往下弯曲到由下往上弯曲，反之亦然）的点所对应的值，因为在这些点上，曲线切线是水平的，这就意味着其斜率（导数）的取值为零。

1686 年，莱布尼茨还在他发表的另一篇文章中定义了求导的逆运算：积分。积分的原理也与无穷小量有关，但它要测量的将不再是曲线的斜率（或增长率），而是曲线下的面积，也就是曲线与横坐标轴（水平轴）所围成区域的面积。为了再次理解几何（函数的图形表示）和代数（函数的计算以及从计算可以得出的函数）之间的联系，让我们以一条简单的曲线来举个例子，该曲线描述了物体的速度（v）与时间（t）之间的函数关系。假设我们想从这条曲线中推导出移动物体在给定时间内走过的距离，其基本公式（$d = v \times t$）非常简单，但在速度不断变化的情况下，要计算距离似乎是不可能的。假设我们用宽度相等的矩形近似得出曲线的形状，并使这些矩形的高度尽可能地接近同一位置下曲线的高度，那么对每一个矩形来说，我们都将得到唯一恒定的速度(矩形高度)和一段给定的时间间隔(对应于矩形的宽度)。通过将这两个量相乘，我们将得到物体在这段时间内行进的距离（$d = v \times t$），它将与矩形的面积（宽 × 高）一致。而通过将所有矩形在某一确定时间间隔内的面积相加，我们将得到曲线下的面积，它等于在整个时间间隔内行进的距离。

不过，如果矩形太宽，我们可以清楚地看到，它们的面积之和只能非常粗略地反映曲线实际画定的面积。基于微分学的模型，积分的诀窍在于逐渐减小矩形的宽度（并相应地增加矩形的数量），直到所有矩形的上边缘与曲线变得无法区分，直到它们的面积之和与曲线下的面积重合。

在这里，我们可以清楚地看到——甚至比求导看得更清楚——多亏有了几何学的某些研究先例，才有了微积分学，其中尤其要提的是"穷竭法"的运用。穷竭法旨在为某一给定量找到一个越来越精确的近似值，例如圆形面积的精确值：通过测量与该圆内切和外接的多边形的面积，里应外合、双管齐下，使多边形的边不断与圆弧相贴合。多边形的边越多——因而也越短——估值就越精准，而圆的面积则将介于内切多边形（较低值）与外接多边形（较高值）的面积之间。

虽然证明的具体过程超出了本书的范围，但是通过这个例子，我们可以看到求导和积分这两种操作之间存在的联系，它们分别定义了微分运算与积分运算。通过求导的操作可以看出，速度是由距离的导数给出的——而加速度是由速度的导数给出的。曲线下面积的计算已经告诉我们，对速度积分（更为精准的说法是对"描述速度变化的函数"的积分）就能得到距离，同样地，对加速度积分就能得到速度。因此，在这种情况下，导数（或微分）与积分互为逆运算，而微积分学——明确定义了求导（微分或"流数法"）和积分之间的关系——的伟大成就之一，正是证明了它们实际上是两种相同的运算，只是"方向"相反。对一个导函数积分，我们将会回归到它的起始函数，于是，我们便将这个函数称为"原函数"。通常来说，所有通过对另一个函数积分而获得的函数都是原函数（描述距离的函数是描述速度的函数的原函数，而后者自身又是表示加速度的函数的原函数）。这些关系构成了"分析学的基本定理"（"分析学"指的是微积分学），它们可以用图 16 概括。

牛顿自身也发现了积分学，无论是天体运动还是地球上的物体的运动，要想驾驭描述这些运动的复杂方程，积分学是必不可少的。并且，他同样也掌握了存在于积分和求导之间的关系——它们互为逆运算，连续执行时就会回到起始函数——不过，正因如此，牛顿并没有将二者区分开来。

莱布尼茨的思考则仅限于纯数学领域，他曾将微积分的第二部分单独处理，并将其命名为"积分学"。

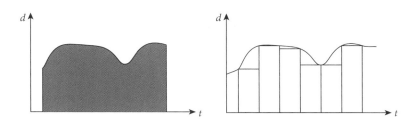

图 16

德国—英国：平局？

当莱布尼茨听到关于他剽窃的指控时，他感到非常愤怒，因为有人要和他争夺发现微积分学的功劳。面对英吉利海峡对岸的诽谤者，他还击道："《自然哲学的数学原理》中关于流数的计算只是对其微积分学毫无新意的重复，索然无味。"至于牛顿，他则感觉自己的成果遭到了剽窃，认为他这位杰出的"笔友"滥用了他的信任，将功劳占为己有。当皇家学会以及整个英国都在捍卫他们的杰出英才时，事态已经到了非常严重的地步。这场争论持续了将近半个世纪，一些历史学家声称，它甚至给不列颠群岛和欧洲大陆之间的外交及商业关系蒙上了阴影！

从这场数学史上最为轰动的争论中，我们可以了解到什么？莱布尼茨的确是第一个就微积分学发表论文的人，但牛顿无疑在他之前就已经发现了它。然而，若要指控这是彻头彻尾的抄袭，似乎是毫无根据的，因为这两个人很可能通过不同的途径，各自独立得出了相同的结论(或几近相同)。

因此，这两位数学巨人是否应该共享这一伟大的数学发现呢？

如果是在数学领域，我们可以说，微积分此后的发展、成型和完善应更多地归功于莱布尼茨而非牛顿，甚至在术语使用方面也是如此：牛顿的"流数"和"流"已经被科学界所遗忘，而莱布尼茨发明的"微积分"和"积分"则在数学界广为流传。不过，莱布尼茨的（部分）"胜利"并不仅仅是术语的胜利，还有符号的胜利。符号虽然看似微不足道，但在数学领域却发挥着决定性的作用，是必不可少的存在。莱布尼茨采用的符号比牛顿选择的符号更加清晰、更加方便，同时也经受住了时间的考验。为了表示一个无穷小量的变化，也就是"流数"的变化，牛顿采用了一个小写的斜体的零。在他的计算中，这个零只起到中介的作用，并会在最终结果中被"抹去"，因为它是一个"接近于零"的量，一个微小到可以忽略不计的量。而在表示一个量随时间的变化率时，他仅仅是在表示变量的字母上方添加了一个句点。莱布尼茨则对一个现有的惯例做出了改进，即不再使用希腊字母"delta"（"δ"）来表示数量的变化。要标记一个接近于零但又永远不会等于零的极小变化，只需在变量前面加上一个字母"d"（例如，在变量为"x"的情况下，用"dx"表示）。至于积分，我们已经看到，牛顿只将它简单看成是微分的逆运算，因而认为没有必要专门给它规定符号。相反，莱布尼茨为它选择了一个新符号，一个大写的"S"，表示积分等于无穷小量的总和（"summa"）：如此一来，以"a"与"b"之间的函数"f"为例，它的积分就记作"$\int_a^b f(x)dx$"——最后的"dx"指出了被积分的变量，这里是"x"。

除了符号的表示，莱布尼茨的阐述也更加清晰，分析性更强，不过没有那么直观。而牛顿则更多地依靠几何图形来表达他的想法。

不过，牛顿在物理学领域的成就在很大程度上弥补了他在纯数学方面

"缺失"的贡献。虽然莱布尼茨更早、更清楚地向世人介绍了微积分，但不可否认的是，倘若牛顿没有证明这门学科在理解宇宙以及预测——甚至掌握——宇宙发展进程方面的强大能力，世人也不可能对它如此着迷。

解密宇宙的微小之物

　　牛顿和莱布尼茨虽然各自独立发现了微积分，但两人还远未完成对于这门学科的发展，他们的工作还遗留了许多有待解决的内容以及悬而未定的问题。其中，有些问题没能解答纯粹是出于技术方面的原因，而有些则涉及微积分的基本原理，甚至可以说是微积分计算的"哲学"问题，因而更加严峻。哲学家兼主教乔治·伯克利（George Berkeley，1685—1753）是微积分原理的最早批判者之一。作为一个有信仰的人，伯克利攻击了所有他认为与宗教相悖的思想：唯物主义、经验主义（从感官经验中获得所有思想的哲学），甚至笛卡儿的二元论。在一篇标题为"数学分析家"（L'analyste）、副标题为"不靠谱的数学家的演讲"（Discours à un mathématicien infidèle[①]）的文章中，他也抨击了牛顿物理学及其数学基础——微积分。文章中所指的"不靠谱的数学家"不是牛顿本人，而是他最亲密的朋友之一——天文学家埃德蒙多·哈雷（Edmund Halley，1656—1742）。正是哈雷促使他发表了关于行星运动的理论，因而才有了《自然哲学的数学原理》的出版。1682 年，同样也是哈雷观察到了彗星的经过，因而人们将这颗彗星命名为"哈雷彗星"。正如牛顿理论所预测的那样，"哈

---

① "infidèle"在法语里还有"不信基督教"的意思，怀疑这里伯克利是在一语双关，同时点出哈雷对于基督教的背叛。

雷彗星"于 1759 年回归，这标志着他最为伟大的胜利之一（哈雷和牛顿去世之后）。

哈雷公开反对教权的观点激怒了伯克利，而伯克利则知道如何利用微积分的痛点进行反击：这些量是如此之小，小到几乎为零，但它们并不会消失。因此，伯克利嘲笑它们为"消失量的幽灵"，这很好地暗示了接受其有效性的数学家这么做是出于信仰。不过，既然哈雷对宗教信仰有所怀疑，那为什么这一次又认为它是理性而科学的呢？

伯克利并不是唯一指出微积分存在逻辑缺陷的人。从牛顿和莱布尼茨所赋予它的形式来看，它就像一座修建在松软土地上的宏伟大厦，其地基摇摇晃晃，其矛盾之处眼看就会让数学物理学和"万有引力"的美丽教堂面临崩塌，因为它两个"针锋相对的父亲"在阐述微积分时都引入了"无穷小"量。然而，在那时，任何对无穷的追索都被认为是一条蠕虫，能够从内而外侵蚀整个逻辑结构与数学结构。

直到 19 世纪，积分学才有了更为坚实的基础，特别是继奥古斯丁·路易斯·柯西（Augustin Louis Cauchy，1789—1857）的研究工作之后。在他的《分析教程》（*Cours d'analyse*）（1821）中，柯西从微积分的定义中去掉了"无穷小但不为零"数的概念，也就是问题的症结。同时，他还将之替换成了"越来越小"间隔区间的概念，更为简单明了。不过，这并不妨碍牛顿的继任者马不停蹄地在他开创的道路上继续前进，使天体力学——现在与"地面"力学合二为一——成为一个完整的系统，一个调节宇宙进程的完美发条。

微积分确实催生了一个强大的数学对象：微分方程。这些方法将函数与它们的导数联系起来，使人们得以使用纯解析的方法来解决力学问题，而不必求助于在牛顿和莱布尼茨的证明中仍然随处可见的几何图形。在微分方程中，未知数不是一个量而是一个函数（一个至少与两个量或变量有关的公式），而方程式确定了这个函数与其连续导数之间的联系。

牛顿（还有其他人）为这座大厦奠定了根基，而最终使其拔地而起的还有三位巨匠，其中，前两位分别是来自瑞士的莱昂哈德·欧拉与来自意大利的朱塞佩·路易吉·拉格朗日——他在法国取得了辉煌的成就，以至如今人们更熟悉他的法语名约瑟夫·路易斯·德·拉格朗日。第三位则是来自法国的皮埃尔·西蒙·德·拉普拉斯（Pierre Simon de Laplace，1749—1827），在其于 1796 年出版的《宇宙体系论》（*Exposition du système du monde*）中，他概括了所有继承自牛顿力学的知识，同时还赋予了数学物理学最完整的形式。1814 年，拉普拉斯发表了论文《论概率的哲学》（*Essai philosophique sur les probabilités*）。在这篇文章中，他为牛顿理论时钟在微分方程语言下无所不能的特性做出了令人印象深刻的表达，而这段内容也就是人们如今所说的著名的"拉普拉斯妖"寓言。不过，他并没有在文章中使用"妖"这个词。在这里，必须从这个词在古希腊时期的意思来理解——在古希腊人看来，"妖"是超自然的存在，是掌握个人命运的精灵，他们不会像基督教信奉者那样，预先判断它们是有害的还是有益的（拉普拉斯妖不是妖，但每个人都可以把它看作现代科学霸权和邪恶欲望的化身）：有一种神灵，它在某一特定时刻能知道推动自然界发展的所有力量，也能了解自然界中生命体各自的处境。如果这种神灵的数量足够庞大，庞大到能把这些信息加以分析，那么它将把宇宙中最大物体和最小微粒的运动纳入同一公式之中。在它面前，一切都将是确定的，过去、未来都将在我们的眼前展开。

拉普拉斯，决定论的拥护者

　　皮埃尔·西蒙·德·拉普拉斯出生在一个家境贫困的诺曼底农民家庭，在数学方面，他天赋异禀，仅仅几年的时间就攀登上科学界荣誉的高峰，并在政治界身居高位。他先是得到了大名鼎鼎的达朗贝尔的支持，而后成为法国数学和物理学派的领袖之一。拉普拉斯雄心勃勃，为达到目的甚至有些不择手段，他巧妙地经受住了革命的动荡以及历次的政权更迭。

　　拉普拉斯绰号"法国牛顿"。他在其著作《天体力学》（*Traité de mécanique céleste*）（1799）和《宇宙体系论》（*Exposition du système du monde*）（1796）中表述，整个宇宙是靠英国科学家牛顿得出的微分方程来推动的。另外，有一件著名的逸事（像大多数逸事一样，可能毫无真实性可言）声称，第一任执政官拿破仑——他本人非常关注科学的发展，在军事学校学习数学期间，拉普拉斯还是他结业考试的考官——在阅读其著作《宇宙体系论》的时候，感到十分震惊，甚至认为受到了冒犯，原因是拉普拉斯在书中只字未提至高无上的存在、宇宙机制的创造者与规则的制定者！伏尔泰是牛顿理论虔诚的捍卫者，他曾写道："宇宙让我感到困惑，我无法想象存在这个时钟却没有钟表匠。"至于牛顿本人，尽管他拒绝求助于假设［甚至我们可以在《自然哲学的数学原理》中找到他的座右铭："je ne hasarde pas d'hypothèses"（"我不做假设"）］，却不得不假定是上帝在修正天体不稳定的运行轨迹。据说，对于拿破仑的反应，拉普拉斯不慌不忙地答复道："公民第一执政官，我不需要做任何假设。"

　　这个回答非常符合拉普拉斯傲慢的性格（这与他的偶像——牛

顿——如出一辙）。不过，很显然，当时还是第一执政官的拿破仑并没有因此而被激怒。1799 年，他还任命拉普拉斯为内政部长（不过，他只任职了几个星期）。1808 年，在拿破仑成为法兰西第一帝国皇帝后不久，他便授予了拉普拉斯伯爵的头衔。

不得不说的是，拉普拉斯在《宇宙体系论》的后续版本中仍然小心地提到了"上帝"一词。尽管在王朝复辟时期，拉普拉斯的言论可能会被视作"无神论宣言"，但这并没有阻碍他的晋升之路。1817 年，路易十八提升其为侯爵。如果说这位数学天才擅长计算，那么我们说的可不只是代数上的计算！

似乎没有什么能遏制或阻挡数学对这个世界所施加的影响，成为命运的主人及掌握偶然的愿望似乎触手可及，但我们之所以将之当作偶然，是出于我们的无知，是因为我们不知道其产生的根本原因。然而，一个小恶魔就潜伏在这台运行良好且可被预测的机器之中。

第十二章

混沌理论：方程中的机遇

一天，小恶魔大概没什么好干的了，决定了结了你。为此，她扰乱了大气中一粒电子的运动，而你目前还什么也没有注意到。但两周后，你正在和一位挺重要的人物野餐，天空中却突然下起了雨夹冰雹。这时，你才明白小恶魔都干了什么。事实上，她是想在一场空难中取你性命，但我让她打消了这个念头。

> ——大卫·吕埃勒（David Ruelle）

乍一看，混沌和数学无疑是相悖的。数学可计算、可测量、可预测，是一个理性而严谨的领域，是我们可以写出其方程，并通过掌握它、理解它来进行操控的东西。而混沌则让人想起所有不受理性控制的事物。此外，还算比较近期的事是：伟大的牛顿发现了宇宙数学的钥匙，使人们对宇宙的发展及未来的认识变得愈加清晰。整个宇宙就如一张固定不变的乐谱，由"万有引力"的微分方程编排而成，一直到月球掺和进来……

时钟里的一粒沙

　　在逸事趣事中——避免称之为传说，因为传说的情节的真实性实在太靠不住了——人们却硬说这位英国物理学家（牛顿）是在果园里一束皎洁而美丽的月光下发现了天体力学与地面力学之间的联系：是同一种力量——引力使树上的苹果落到了地上，让星星留在了天空。而恰恰当他把这一理论运用到月球的运动上时，却怎么也不正确，预测结果总是存在一个不可忽视的错误，而这个错误不能仅仅归咎于测量不够精确。

　　但是，如果我们只考虑引力相互作用下的两个天体，一切都好办，比如一个行星绕着太阳转动（要注意，如果我们单独考虑两个天体，那么一个绕着另一个转的说法就不再有意义了。如果不存在其他天体，那么表述成太阳绕着地球转也没有任何毛病，这不过就是相对运动的问题）：牛顿方程的结果得到的是椭圆形的运动轨迹，与观察所得相吻合。在这种情况下，只计算月球绕地球转动的轨迹还不够吗？那你可能是忘得有些快了，太阳对我们的卫星也会施加引力。这下，事情就变得相当复杂了。

　　牛顿想出的第一个解决办法是：仅将太阳看作地球和月球华尔兹舞步

中的一个干扰因素，如果没有它，这个圈就会像行星轨道一般固定不变。但太阳不再只是一个普通的干扰，它和地球、月球共同组成了一个如假包换的三角家庭①。众所周知，这样的情形对和谐和稳定来说是多么不利。

我们确实无法想象，就单纯在这场天际芭蕾中再多加入一个舞者——引入第三个天体，能让局面复杂到何种程度，一直到如此坚不可摧、受人景仰的牛顿力学之厦最后被瓦解成片片瓦砾。相较二体来讲，三体在相互间的引力作用下所造成的困境要巨大得多，这体现在何处呢？

让牛顿以及他的继任者感到丧气的地方就在于：虽然在"万有引力"理论取得成功之后，这个问题看起来远非无法解决，但这三个相互作用（相对各自的质量来说足够靠近，使得引力作用不可忽视）的天体却共同构成了后来我们所说的动力系统或者混沌系统，别称"牛顿的噩梦"。

牛顿力学所取得的成就使其崇拜者联想到一座运动极其规律的时钟。只需一粒沙，或者更确切地说，只需月球上的一粒尘埃就能使它发生故障！然而，月球只是质疑牛顿力学的一个契机，在 20 世纪，这种质疑是很激进的。的确，由太阳、月球、地球演绎的三重奏只不过是一个例子，一个距离我们最近，因此也最容易观察到的例子，其后所涉及的理论问题还要普遍得多。数学家们很直白地将这一问题命名为"三体问题"。

天体之舞

其实，我们并未因天体轨道出现偏差而脱离数学的主宰。因为正如牛

---

① 三角家庭：指由三个人共同决定组成的伴侣家庭，他们同住或不同住在一起。由于欧洲基督教国家实行一夫一妻制，此名称多指欧洲的夫妇与一名情人的关系。在更现代的意义上，这个词指的是三个人之间的任何关系，可以是性关系也可以是其他关系。

顿理论描述下的宇宙自始至终都是"数学化"的——让我们回忆一下，第一次对牛顿理论进行阐述的论著为《自然哲学的数学原理》——使这一坚不可摧的理论分崩瓦解的沙粒也存在于纯粹的数学问题之中。导致其体系化为废墟的，正是牛顿方程本身：虫子就在苹果里（当然是牛顿的苹果）。

因此，让我们回到三人芭蕾中去吧：不论我们是不是将这三名舞者称作"地球""月球"和"太阳"，情形都不会产生任何改变，我们可以改变它们的名字，甚至不把它们与任何实物相联系，但三体问题依旧存在，因为每一个天体都会对另外两个天体施加引力并且反过来受到引力的影响（让我们回忆一下，任何两个质点间的引力作用都是相互的，但质量较小的天体"移动"得更多，因为其对抗引力的惯性较小）。

三体问题让数代数学家头疼不已、冷汗涔涔、彻夜难眠，其中：牛顿本人以自认失败告终，莱昂哈德·欧拉沮丧放弃，拉普拉斯和拉格朗日也宣布退出……数学物理学几乎任由我们可怜的卫星受其随机不定的命运所主宰。这时，一位年轻的法国数学家亨利·庞加莱登场了。

！ 精通数字的男人：亨利·庞加莱

在现代，几乎没有哪个法国人能像亨利·庞加莱一样在数学上留下如此深刻的印记并享有与之匹敌的威望。亨利·庞加莱是 19 世纪和 20 世纪最伟大的科学家之一，他几乎对数学的所有领域都有贡献，在物理界也功不可没。另外，他还有科普和科学哲学方面的重要著作。

在纯数学领域，庞加莱证明了三体问题不存在解析解，还对拓扑学的发展、微分方程及某些与之相关的公式的研究，以及与罗巴切夫斯基的双曲几何相关的圆盘（一个由圆圈界定出的面）镶嵌（使用重复的图形"填满"）做出了贡献。

　　庞加莱还因对狭义相对论做出了重大贡献而闻名，以至有人认为爱因斯坦是个卑劣的剽窃者！爱因斯坦发现狭义相对论的功劳和扮演的重要角色自然是毋庸置疑的，但同时也必须承认，庞加莱的智慧也在其中发挥了巨大的作用。

　　鲜为人知的是，庞加莱在 1900 年也几乎得出了 $E = mc^2$ 这个方程式（他给出了一个等价的公式，但没有像爱因斯坦那般深入地阐释，也没有得出相同的结论）。同时，他还促进了量子论的发展，在当时，量子论的研究还处于摸索阶段。

　　最后，在大众科学和科学哲学领域，庞加莱还著有多部作品，这些作品都是业界真正的畅销书［《科学与假设》（*La Science et l'Hypothèse*）、《科学的价值》（*La Valeur de la Science*）、《科学与方法》（*Science et Méthode*）］，并且长远地影响着人们对于科学活动的理解方式。庞加莱的作品清晰易懂，用词专业，行文优美，直到今天还是让人爱不释手，不管是谁读来都赞叹不已。如果考虑到其科学背景，庞加莱进入科学院似乎是理所当然的事，那么我们忘记了他同样还被选入了法兰西学术院，这体现了人们对其作品文学价值的认可。

　　1885 年，为致敬挪威及瑞典国王奥斯卡二世（Oscar Ⅱ），人们举办了一场深受数学家喜爱的数学竞赛。在这场竞赛中，涉及三体问题之解的太阳系稳定性问题作为四大赛题之一被提出，这时，庞加莱接受了挑战。

但是，如何才能战胜一个挫败了这么多天才的问题呢？那就得彻底改变看待事物的角度，甚至想象自己处于一个全新的空间！

我们已经了解到，为我们所熟悉的三维空间只是无限多的空间中的一个特例。而庞加莱的想法非常天才：将由三体（太阳、地球、月球）组成的整个系统在一个不少于十八维的空间（纯抽象的）里"表现"（如果我们可以这么说的话）或者映射出来！庞加莱想要呈现出一个动力系统，也就是说在这个系统里，我们不仅可以追踪每个天体的位置，还能追踪它们的速度。在三维欧氏空间的每个方向上再加上速度，即三体中的每个天体各有六个维度——因为每个天体都有其特有的方位点：十八维就是这么来的！维数增加后产生的这个空间被科学家们称为"相空间"，它使人们得以跟踪所有研究对象的动力演化过程，并且是将其作为唯一的整体来跟踪的。人们时常忘记数学首先是一门简化生活的艺术，即使我们承认，在外行人的眼中，问题的解看起来往往比问题本身还要复杂！

庞加莱的前辈们在一系列无休无尽的天体力学微分方程中深陷，而庞加莱解法的优点则在于将由三体构成的系统整体地表现了出来。但还有一个重要的问题：如何去表现一个十八维的空间，甚至让这个空间自己呈现出来呢？为了更清楚地在他所创造的这个"相空间"里进行观察，庞加莱设想出一个平面——我们之后再为它命名——来将其"截断"。如果系统周期性地回到相同的状态，那么代表这个系统的各条曲线便会经庞加莱平面上的同一位置穿过，我们也将观察到有限个数的点。这就是一个稳定的系统。然而，在三体问题上，呈现在庞加莱面前的却是大量看起来杂乱无章的点（实际上是无限个数的点，我们之后会回到这个问题上来）。另外，他还发现，系统初始条件一个极其微小的变化（比如，三个物体中的一个物体的速度或初始位置）在一段时间后（根据不同的系统决定）会对该系统的轨迹产生巨大的干扰，而且这种干扰还在不断增大——用数学语言来描述，我们说所产生的差异是指数级的。这种特性是混沌系统的主要特性之一，被称为"对初始条件的极度敏感性"。尽管在庞加莱的时代，人们谈论的还仅仅是动力系统，但第一个打开混沌理论"潘多拉魔盒"的人绝对是庞加莱。

前路为何不可知

庞加莱发现的结果——由月球—地球—太阳这个整体所形成的系统对于初始条件是如此敏感，以至在较长时间段内对轨迹进行精准预测几乎成了一件不可能的事——令人震惊，但没有立即引起与其影响相符合的震动。这个结果所造成的影响非常巨大，巨大到能摧毁整栋牛顿科学之厦。不过，这种影响却没有一上来就在科学界中显现出来。尽管如此，庞加莱还是从数学上证明了：人们无法以令人满意的精度准确地预测月球绕地球公转的轨迹，这可不是什么小事！当然，这并不代表我们的卫星所走的路线就是绝对随机的，以至完全无法知道它会从何处升起，或者它明天是会升起，还是已经永远消失于苍穹之上了。不过，它围绕地球转动的轨道并不符合"万有引力"预测下的那种绝对规律的运动。

另外，到目前为止，所涉及的还只是三体问题。由于月球易受太阳引力的影响，我们无法将问题简化为一个星体绕另一个星体运行。但月球不是这种情况下唯一的天体，只要有多个天体的引力场大到无法忽视的程度，我们就不得不去面对四体、五体、六体以及更多体的问题，加入的天体越多，系统就越复杂、越混乱。因此，即便我们心爱的星系（如果只算太阳和行星，则有九个或十个天体；如果算上小行星和其他微型行星则还有更多）自诞生以来似乎就沿着一个永恒不变的圆轨运行，并且我们还能想象它将继续如此以至终结（太阳变成一个红色的巨星[①]），想要准确地预测它在遥远的未来会变得如何也是不可能的。正如我们所见，确定月球的轨迹只是冰山一角，除此之外，太阳系稳定性的问题以及从数学层面上解决它的关键三体（多体）问题始终盘桓在牛顿天体力学的伟大冒险之路上，威胁着这座大厦完美的构架。伟大的牛顿本人并不是一个会在数学挑战面前退缩的人，但他也不得不缴械投降，不顾其"科学不应屈服于假设"的伦理原则——比如，他从未对"万有引力"的本质做过假设，而这也是他的理论中最大的盲点——为了保全天体时钟的钟座，他不得不承认，是上帝从远方送上了一指轻弹，使微微游移于轨道之外的天体重回正轨，免于混乱！

因为月球并不是唯一的在外游荡的天体！埃德蒙·哈雷观测指出，木星和土星的轨道存在一些异常：与由开普勒定律（牛顿通过引力给出了解释）得出的预测相比，前者有略微加速的趋势，后者则趋向于减速。

拉普拉斯注意到，木星的加速和土星的减速呈现出一种周期性：每450年进行调换，然后在每个900年后回到它们各自的初始状态。太阳系的稳定性得以保证，这个决定论的捍卫者也得以继续相信他无处不在的神奇精灵，后来人们将其称为"拉普拉斯妖"。但人们很快便忘记了，妖可是会骗人的，正如谚语所说："魔鬼就隐藏在细节之中！"

因为拉普拉斯找出的解只是将混沌的深渊暂时性地掩盖了起来，它就一直潜藏在拉普拉斯"世界体系"的中心。三体问题仍旧是个谜，出色如

---

① 是恒星在演变过程中的一种形态。当恒星年老的时候，它的体积和亮度都会变得非常大，这就形成了巨星。

欧拉或拉格朗日这般的天才也只能像拉普拉斯一样，做出非常片面的解答。尽管如此，拉格朗日还是成功确定了 2 个稳定点 ①，它们是决定论之岛，漂浮在很快便会将精美的牛顿时钟淹没的混沌海洋中。如今，人们利用"拉格朗日点"来优化卫星及其他太空探测器的轨线，而拉普拉斯关于太阳系整体稳定性的结论则受到了奥本·勒维耶（Urbain Le Verrier，1811—1877）的质疑。然而，此人却是牛顿事业发展过程中的一个英雄人物，因为他根据天王星在轨道上所受的摄动，"猜"出了造成摄动的新行星——海王星的存在，证明了"万有引力"理论强大的预测性，轰动一时。但确切来说，他认为拉普拉斯低估了太阳系中各天体间相互摄动的重要性以及这种摄动对整个星系的稳定性造成的影响。

因此，当这个问题作为 1885 年那场竞赛的题目之一被提出时，仍然引起了人们激烈的争论。有传闻称，德国数学家彼得·勒热纳－狄利克雷（Peter Lejeune-Dirichlet，1805—1859）解决了这个问题并证明了太阳系的稳定性，但他没有发表任何关于这方面的文章。竞赛组织者瑞典数学家哥斯塔·米塔－列夫（Gösta Mittag-Leffler，1846—1927）或许还期待能为揭示这一神秘解法的证明授予奖项。证明没等到，1889 年，裁判委员会将奖项颁给了一篇匿名撰写的论文：《论三体问题和动力学方程》（*Sur le problème des trois corps et les équations de la dynamique*）。这篇论文是庞加莱寄去的，其结论是三体问题不存在解析解（代数解），也不存在图形

---

① 拉格朗日点（Lagrangian point）又称"平动点"（libration points），一共有 5 个，是两个大天体所组成的相对运动系统中的受力平衡点。在天体力学中是限制性三体问题的五个特殊解（particular solution）。就平面圆形三体问题，1767 年数学家欧拉推算出其中三个：L1、L2、L3，1772 年数学家拉格朗日推算出另外两个：L4、L5。两个天体环绕运行，在空间中有五个位置可以放入第三个物体（质量忽略不计），使其与另外两个天体的相对位置保持不变。随着科学家们对外太空探索热情的高涨，拉格朗日点已经成为观测空间天气、太空环境、宇宙起源等的最佳位置。

解——它在相空间中的几何表示不具有规则性，我们甚至无法预测三体问题之解可能具有的形态。太阳系的未来确实显得难以预料！

可能掌握混沌吗

让我们（稍微）松一口气：一方面，这里所说的是宇宙时间尺度，也就是几百万年，甚至是几亿年。行星轨道可能会发生偏移且毫无规律可循，但在个人甚至一个文明的生命周期内，这种偏移是无法被察觉到的，这就解释了为什么天穹对我们来说，就是稳定与永恒的代表。另一方面，我们谈论的仅仅是假设和可能性，再者，虽然我们无法确定行星不会偏移轨道，但我们同样也很难肯定它一定就会偏移。说白了，这一切我们根本就无从得知。为了得到答案，我们必须求助于一个不可或缺的盟友，没有它，混沌理论就不可能得到发展，它就是计算机。而计算机自身也是数学发展历程中的产物与延伸。多亏有了这个性能不断优化的工具，法国天文学家雅克·拉斯卡尔（Jacques Laskar）才得以证明美丽而古老的太阳系具有混沌性，并且连内行星[1]都受其影响。1984 年，麻省理工学院（MIT）的两位教授杰克·威兹德姆（Jack Wisdom）和杰拉德·杰伊·萨斯曼（Gerald Jay Sussman）在他之前已经用计算机模拟出了冥王星轨道上的混沌现象。然而，冥王星在 2006 年被降级为矮行星，因而可以说这只是个例外。

然而，借助计算机更为强大的运算能力，雅克·拉斯卡尔对所有行星的轨道建模，并模拟出它们在更长时间期限内发生的演变，把混沌行为扩大到了整个太阳。特别是，他发现如果对同一个（虚拟）星球的初始条

---

① 原文为"Planète intérieur"，是太阳系中位于第一条小行星带以内的行星。按照离太阳的距离从近到远排序，依次为：水星、金星、地球和火星。

件稍做改变，那么计算出的轨道偏差每350万年就会增加一倍。很难相信混沌会在如此好的时机停下脚步。尼斯天文台的米歇尔·赫农（Michel Hénon，1931—2013）指出，电脑模拟出的太阳系天体轨道在一定条件下可能表现出混沌的特点。就好像随着计算能力，也就是预测能力的不断提高，我们接触到的现实也越来越广，但同时混沌也相应地在扩张它的帝国，将我们主宰和了解一切的梦想粉碎！

不论未来多远，这种不确定所带来的阴影都能将其笼罩，而且被笼罩的还不只是未来。让我们回忆一下拉普拉斯之"妖"：它不仅能看到未来，还能看到过去。但是，如果太阳系的未来迷失在混沌之中，那么它过去的状态也不可能被我们准确地了解。这似乎并无大碍，但它对我们思想的干扰可不小，在我们没有完全意识到这一点的情况下，我们的思想受牛顿力学思维方式的影响仍然很大。对造诣颇深的数学家来说，让他们从神坛上走下来，承认有时历史知识可能是帮助他们了解过去天体位置的最后手段可并非易事。由于不能确定行星以及其他天体在过去既定时间内的确切位置，那就只能找出它们在那个时期是在何处被观测到的，如果存在这类事件的记载的话。俄国精神病学家伊曼纽尔·维利科夫斯基（Immanuel Velikovsky，1895—1979）在他的著作《碰撞中的世界》（*Mondes en collision*）（1950）中提出了一个理论——认为《圣经·旧约》中记载的某些看似神秘或超自然的非凡现象，实际上是宇宙灾难的表现——激起了众人的强烈不满。这一论点受到了众多科学家的嘲笑，又因其作者不是"硬"科学专家而遭到更多批评。以现今的天文学知识来看，该论点在不止一点上是错误或者站不住脚的（尤其是关于金星由来的说法，维利科夫斯基声称金星起源于一颗由木星喷射出的"彗星"）。尽管如此，其中心思想"太阳系可能是牛顿力学没能预测到的灾难现场"或许也不是那么荒诞不经。

然而，在科学家队伍中，维利科夫斯基还是有几个捍卫者的，而且他晚年时与爱因斯坦走得很近，尽管后者很可能不会支持"上帝"因此就真的会"掷骰子"的观点［引自爱因斯坦的那句名言，尽管其真实性值得怀疑。为了表达他对量子物理学不确定论的反对，他将这句话狠狠砸向了原子物理学家尼尔斯·玻尔（Niels Bohr）："上帝不会掷骰子！"对此，玻尔的回答是——同样来自这段传说成分大于事实成分的对话："爱因斯坦，你有什么资格对上帝指手画脚？"］。不过，让我们补充一点，伊曼纽尔的理论所依据的历史记载时间的尺度，与牛顿力学中行星混沌行为"回归正常"所需的时间的尺度完全没有可比性：一场仅仅发生在几千年前的大灾难现在仍会对行星的运行产生影响！太阳系过去的状态，甚至整个宇宙过去的状态可能都是不确定的，即使不去探求如此惊心动魄的事件，而只是通过考古天文学①研究，从过去的资料和文物中寻找点点痕迹，探求我们的祖先所能感知到的天穹，这一点应该不会被人们所忽视。

在混沌中求生？

得知太阳系运行具有一种不可避免的混沌性，可能会令人感到不安，甚至害怕。但是，这种不确定性微乎其微，并且只会在很长一段时间中得以显现。

天文学家观测到了如此之多的双星或者多星系统，那么这些星系又是

---

① 是天文学史领域中新近发展起来的一个分支，它使用考古学的手段和天文学的方法来研究古代人类文明的各种遗址和遗物，从中探索有关古代天文学方面的内容及其发展状况。史前时期尚无文字，考古材料是了解当时人类文明的最主要的依据，因此，考古天文学较多地注意史前时期。

什么样的呢？在《三体》（*Le problème à trois corps*）"三部曲"的第一部中，中国科幻小说家刘慈欣通过对三体文明的描绘，想象着这个问题的答案。不过，与其说是三体文明，不如说是三体文明的集合[1]，因为这颗星球上的居民必须忍受其所在星系中三颗恒星的变化无常，以及让所有绕其旋转的行星都受尽折磨的疯狂而无序的华尔兹。

三体文明在稳定时期[2]发展，但这个时期会持续多久是无法预料的，紧随其后的便是混沌纪元[3]。混沌纪元下的环境极端恶劣，气温和日照时间变化剧烈，为了生存，三体人会采用一种脱水冬眠的方式来度过这个时期，就像地球上的某些生物，比如水熊虫一样。由于三体人和我们得出了相同的科学结论（三体问题在数学层面上的不稳定性），这座不可预测的炼狱中的居民别无他法，只能背井离乡。这时，他们收到了一条从一颗天堂般的星球发来的信息，那里气候稳定，周围天体的运行总体来说可以预测——至少，人们基本可以确定太阳（只有一个）和月亮会在固定时间按时出现！这颗星球距离其半人马座三星系统只有四光年多一点，三体人无路可走，只能入侵这颗美丽的蓝色星球。

气候中的混沌：蝴蝶效应

因此，我们必须承认：牛顿精美的时钟里是有规则存在的！

我们知道，这样的结果会让人感到困惑，并且这种结果还经常被错误

---

[1] 三体人的文明经历了近两百次毁灭与新生，书中出现的"三体人"只是指最新一代的三体文明。

[2] 在《三体》中被称为"恒纪元"。

[3] 在《三体》中被称为"乱纪元"。

阐释或表现。确实，一种仅限于告诉我们在相对较长的时间段内，无法知晓也无法预测任何事的理论有何意义呢？然而，混沌理论远不只是对普遍不确定性的一种科学验证。即使我们无法再像所谓的经典科学断言的那样，进行准确而绝对的预测，但混沌科学所描绘的系统也并非毫无章法、完全不可预测。这些系统勾勒出了一门新科学的轮廓，在这一科学范畴中，随机性在具体的限制条件下和我们日常的生活经验相符。混沌理论的全部价值就在于它能将看起来无法解释、不相关联的东西放在数学的框架内。

当然，正是在牛顿力学这一看起来最不易受随机性影响的科学框架内，庞加莱发现了动力系统奇异的特性。然而，这一发现一直以来都只是传闻，直到 20 世纪 60 年代，这些惊人的数学对象才引起了更为广泛的关注，人们将其改称为"混沌"。事实上，人们发现，混沌可以用来描述一个远远比三体问题更为人熟知的现象，其阴晴不定的特点每天都会在人们眼前展现，那就是气候现象。

揭开气团运动的秘密，预测天气的愿望，无疑与人类一样古老，因为这关乎人类的生存，尤其是开始发展农业以来。但在很长一段时间内，人们都是通过神话或"常识"来预测天气，甚至在凭借科学及相关数学仪器掌握了许多其他现象之后也仍是如此。

为何大气现象会如此复杂，并且似乎无法用数学去解释呢？相较之下，20 世纪下半叶时，流体力学已经成为物理学中一个当之无愧的大分支。通过纳维－斯托克斯方程，人们得以对流体中的对流运动（同搅动大气气团的对流运动）进行完备的建模、描述和预测。尽管这些偏微分方程对非数学专家人士来说相当复杂，但专家们对它的掌握已经得心应手，他们善于从中找出足够令人满意的解来预测简单系统的演变。当然，这对预测气候并不适用。然而，对气候复杂性的解读应该在超级计算机的能力范围之内，因为自第二次世界大战以来，超级计算机的能力一直在不断增长。

正是在这样的背景下，20 世纪 90 年代末，麻省理工学院气象学家爱德华·洛伦茨（Edward Lorenz，1917—2008）开始致力于使用计算机模拟气候状况演变的实验。洛伦茨是科班出身的数学家，在第二次世界大战期间服役于美国空军的气象部门。后来，他继续从事气象方面的研究，力求为这个当时还在黑暗中摸索的科学分支提供一些坚实的数学基础。如果气候和所有自然现象一样也受规则的制约，那么去找出这些规则即可。而在这场寻觅中，麻省理工学院的超级计算机就是最为可贵的盟友。

历史学家可能夸大了意外发现——在纯粹的偶然中获得重大发现——在科学发展中的作用，但在洛伦茨的这个例子中，他似乎确实没有预料到他即将获得的发现。1961 年冬季里的一天，他在数字模拟的大气系统中——还是简化过的——寻找能让他得出可靠预测的循环图案，但仍是劳而无获。于是，他决定不再从头启动程序，而是从此前程序中断的地方接着运行。洛伦茨这样做可能只是单纯地想节约时间，却得到了一个出人意料的结果。洛伦茨系统中的变量没有安分地按照它们在之前测试中的轨迹走，而是突然莫名其妙开始分岔。可他输入计算机——这里说的可不是我们现在使用的个人电脑，请想象由一堆纠缠不清的电线和灯组成的复杂之物，而且还会发出噪声——的数据正是之前模拟得出的数据。程序本应直接从此前中止的地方重新开始，为何会产生如此之大的差异呢？

洛伦茨的疏忽在于他将一段截取后的近似数据进行了"移植"，但最后这一疏忽却带来了极为丰富的成果。计算机给洛伦茨提供的数字一直到小数点后六位，然而为了节约纸张，打印时只打出了三位小数。这没什么好奇怪的，也不会为一位科学家带来什么不便，因为他知道在数学的完美和物理的现实之间，总是存在一定程度的不确定，而这种不确定是可以预测并且可以控制的。因为一旦考虑到这点，测量中合理的不确定对结果所产生的影响就被认为是合理的。让洛伦茨震惊不已的是，在这里，对初始数据做一个非常微小的近似处理，就会导致计算机的处理结果发生巨大的变化，而对洛伦茨来说，计算机是绝对可靠的。在这次顿悟之后，洛伦茨继续钻研非线性动力系统，即变量并非由一个简单的比例关系相联系的系统，这使得其数据略微发生改变，计算机所得变量之间就会出现巨大的偏差。洛伦茨抓住了蝴蝶的翅膀！

于是，气象学家又重新成为数学家，并开始努力研究混沌系统的特性。由洛伦茨开发的模拟气团运动的程序——准确来说，是模拟空气对流的程序，即由于温差而在竖直方向上形成的环流：地表受热空气密度减小，质量变"轻"，于是上升；受冷空气则趋于"下沉"——"仅"有 12 个方程式。这个程序看起来如此复杂，令人难以置信，但与现实中的气象相比，已经算简化得相当彻底了。洛伦茨的成就在于他从一个简化的模型中得到了与真实的气候系统行为相似的系统行为：不可预测且呈现出"非周期性"。也就是说，其系统状态似乎从未发生重复，也毫无规律可言。

然而，混沌现象的发现者洛伦茨又往前迈了一步：他用一个只有三个方程式的系统成功重现了混沌行为！还记得在天体力学中，混沌幽灵是从三个引力相互作用的物体中产生的。同样地，我们能完美预测三个方程各自参数的演化，但三者一起便形成了一个混沌系统，其初始条件一个极度微小的变化就能造成结果的千差万别，使所有针对预测进行的尝试都变成"竹篮打水一场空"。因此，造成系统行为不可预测的原因并非系统的复杂，而是有限个简单变量间的相互作用。

为了更好地说明在看似最为"可控"的系统中突然出现的不规则混沌现象，洛伦茨使用了另一个不同于大气对流的系统：在一个轮轴上挂上穿了孔的水桶，然后从轮轴上方往下倒水。位于上部的水桶首先被注满水，水桶的重量会带动轮轴转动。我们料想轮轴会像水风车一样规律地转动，但由于水桶里的水排空的速度与轮轴转动的速度并不一致，因此当水桶转到倒水处时，桶里的水可能已经足够满了，也有可能还不够满，这就会导致轮轴转动速度减缓甚至改变转动方向！洛伦茨轮虽然简单，但其行为却像天气一样不可预测。

在气象学方面，洛伦茨的发现将对气候的数学建模提高到了一个新的水平，但矛盾的是，这一发现也同时说明了科学预测天气是水月镜花。为了帮助人们理解这些动力系统的本质——气候就是其中一个突出的例子——洛伦茨借用了中国诗词中的一个意象。这个意象超越了科学范畴，为历史画下了浓墨重彩的一笔，在大众文化中留下了永恒的印记，它就是"蝴蝶效应"。

1972 年，洛伦茨在一次会议上介绍了"蝴蝶效应"，会议的标题非常生动："一只蝴蝶在巴西扇动翅膀能否引发得克萨斯州的一场龙卷风？"事实上，以此作为比喻是会议的组织者之一菲利普·梅里尔斯（Philip Merilees）的主意。毫无疑问，这个富有诗意的比喻比"对初始条件的极度敏感"这一偏向技术性的概念更能打动听众的心。但这一比喻却被证明是一把双刃剑，因为一些人的解读使它与其本意完全背道而驰：蝴蝶扇动翅膀必然会引发一场龙卷风，这使人联想到绝对的决定论！

实际上，蝴蝶扇动翅膀象征着系统初始条件发生极为微小的改变——一切皆有联系，对天体运动来说，一米之差微不足道，但如果涉及火箭发射，那可就不是什么小事了——龙卷风则代表这些改变所造成的巨大差异。有一点需要指出，蝴蝶的翅膀同样也能"阻止"事件的发生。要知道，这里涉及的并不是一种因果关系，毕竟这种被我们视若珍宝的经典因果律正是在受（未受）混沌支配的宇宙中瓦解的。

最后，还有必要再做一点说明，它将带领我们进入一个同时涉及科学和哲学的领域。与人们所说的有时不同，混沌理论并未断言宇宙从本质上来说——用哲学语言来说，即"根据本体论观点"——就是不确定的。我们甚至可以支持拉普拉斯"精灵"或拉普拉斯"妖"这一假设。1908 年，数学混沌的伟大先驱亨利·庞加莱在其面向大众出版的《科学与方法》一书中对上述观点做出了清晰的表述：

> 一个微不足道的疏忽造成了出人意料的重大影响，这时，我们便说这是偶然。或许，只要能准确了解自然规律及宇宙的初始状态，我们就能准确预测宇宙在未来某一时刻的状态。但即使我们掌握了自然规律的每一个秘密，也只能大致了解宇宙的初始状态。而如果说宇宙大致的初始状态能使我们了解其大致的未来状态——并且我们需要的也仅限于此——我们便说我们预测了宇宙现象，或者说宇宙现象受规律支配。但是，事情并非总是如此，有时候，初始条件小小的不同会造成最终现象的巨大不同；前者的一个小错会酿成后者的大错，预测也因而变得无法实现。

每个人都有权利下结论说宇宙由无序统治，就像曾经受人追捧的天体力学决定论使人们相信宇宙就是一个上好发条的时钟：牛顿微积分学所得的一切都能被动力系统的混沌学推翻，但是这两种本体论观点都没有得到数学上的证明。我们无法从数学的角度来评定哪种观点是正确的，只能说这些不同的工具与模型都或多或少与现实相符。从这一观点来看，美好的牛顿力学只不过是遵循因果关系的一个特例，一座漂浮在混沌海洋中的脆弱小岛。这次，混沌理论没有对这个形而上学的发问做出回答，它只是证明了非线性的、非周期性的——混沌的——动力系统在数学上呈现出"对初始条件极度敏感"这一基本特征，也就是混沌的标志。目前，只有诉诸这些动力系统，我们才能对周围几乎所有与我们有关的现象进行恰当的描述，但如果想对这些现象进行预测（无比讽刺），那就是另外一回事了。

气象学可以说是混沌的摇篮，在为这场气象之旅画上句号前，让我们再做一点补充。自此以后，由洛伦茨引入的混乱现象在气象学领域中一直存在。矛盾的是，相较预测近期的天气，气象学家更善于预测长期的大趋势。超过五天，虽仍有可能提出天气演变的大概模型，但所有的预测从根本上来说都是不准确的，因为大气系统——甚至有必要将结论扩大到地球系统，因为一切都与之相关——的变量在某一刻最为微小的一个扰动都会在极短时间内造成无法估量且不可预测的影响。因此，除了每天对计算结果进行调整，气象专家也无能为力。尽管尚有收集和处理数据的技术手段，但天气预测却始终笼罩着一层神秘的光环，令人深深着迷而又惴惴不安。

奇异吸引子

前文中，我们有时会将混沌的不可预测性与牛顿力学的决定论相互对立。然而，为了避免另一种在谈及混沌理论时经常会出现的错误观点，需要明确的是，我们在这里所说的正是决定性混沌。这种说法自相矛盾吗？人们可能会认为答案是肯定的，毕竟决定论暗示了预测的念头，而预测在混沌系统中不可实现。但事实并非如此。正如我们此前所说，一种理论若是仅限于证明预测之不可能，那它绝无可能会像数学混沌那样带来如此丰富的成果，最多也就是激起一股哲学潮流——具有相当的反科学倾向——或者引发一场宗派运动。但是，数学动力系统发现的混沌现象并非一片迷雾，用莎士比亚的话来说："傻瓜讲述的故事充满了喧哗与骚动，毫无意义。"经典的因果关系主要描绘的是一种确定性，尽管数学混沌与此相去甚远，但也自有其美妙之处。"混沌"这个词有时会让人联想到一片死气沉沉、枯燥无味的景象，但事实却与此完全不同。

洛伦茨发现了非周期性动力系统对初始条件的极度敏感性，但这一发现并没有立即引起科学界的热议及强烈兴趣。作为"蝴蝶效应之父"，他早期在气象学杂志上发表的文章也多年未曾引起数学家和物理学家的注意。不过，还有在不同领域进行研究工作的人员，他们从事着看似与此并无关联的课题研究，却在洛伦茨发现混沌的几年之后（有些甚至是在他之前）得到了混沌的"启示"①。

其中就有比利时 - 法国数学家、物理学家大卫·吕埃勒，继爱德华·洛伦茨之后，他在研究湍流现象时发现了一个令人激动的景象，而在两人之前，斯蒂芬·斯梅尔也观察到了这一景象。所有人都采纳了庞加莱的想法，即用相空间中的投射来表现动力系统的演变过程：通过呈现系统的所有状态（位置和速度）来绘出系统的演变轨迹。通过研究这条轨迹（由于是多维的，所以无法表现出来）与"他的"平面的交点，庞加莱已然观察到，这些交点的形态至少可以说是有些耐人寻味。

为描述混沌动力系统在相空间中——更准确地说，在与庞加莱平面的交汇处——所呈现出的形态，1971 年，大卫·吕埃勒和他的荷兰同事弗洛

---

① 原意是"揭开"，是基督教《圣经》中的常见词汇，是指神借着创造、历史、人的良知和《圣经》的记载，向人类揭示神自己。《圣经》说明神以耶稣基督揭示他自己；耶稣基督就是神启示的缩影。

里斯·塔肯斯（Floris Takens，1940—2010）在一篇由两人共同发表的文章中找到了一种能引人共鸣，甚至近乎诗意的表达："奇异吸引子"。吸引子是在相空间中，系统平衡状态下（稳定或者不稳定）的状态点。平衡状态即系统"被吸引"达到的最小能量状态，也是当系统（获得能量，比如钟摆运动）出现偏差时，仍会周期性回归的状态。在可预测的线性系统中，吸引子的形态是规则的、为大家所熟悉的（圆圈、正弦曲线等）。而混沌系统的吸引子之所以会如此奇异，准确来说是因为它所描绘的图形形态复杂，虽然这些图形通常都很协调（绝不是通俗意义上的"混乱"），但在牛顿物理学框架内却无法解释。

最有名的奇异吸引子是洛伦茨吸引子，它是气象学家洛伦茨在发现大气环流现象中的混沌现象时给出的。洛伦茨吸引子使人联想到蝴蝶的翅膀，或许，洛伦茨（或梅里尔斯）就是受此启发，才想出了"蝴蝶效应"这一意象。即使被给出的是其他拥有某些共同特征的图形，在数学家眼里，它们仍然是陌生的（奇异的）。庞加莱选择用图解来回答三体问题，从而规避了如此复杂的方程组不可能有代数解的问题，这无可非议。但他或许没想到将这些系统投射到相空间中会发现什么，没错，是一些几何对象。但要理解它们需要用另一种几何学，这种几何学不同于欧氏几何，甚至也不同于20世纪时由前者发展而来的非欧几何。它绝对是一种革命性的几何学，而且异常复杂。很快，我们将用一个同为形容词和名词的词来概括它，那就是——分形。

第十三章

分形：宇宙的几何形状？

云朵不是球形，树皮并不光滑，山峰不是锥形，海岸线并非圆形，闪电也不按直线传播。

——本华·曼德博（Benoît Mandelbrot，1924—2010）

　　有的图形在放大状态下会呈现出重复的复杂图案，给人以迷幻之感；电脑绘制的花边或阿拉伯式的花纹在层叠嵌套下会散发出一种迷人的美；而有的几何图案则能给人带去一种"生命悦动"的感觉，这些便是分形几何。分形几何通常被称为"分形"，是形容词"分形的"的名词化用法。作为现代数学的一个分支，分形可以说在大众文化和大众想象中渗透最广。运用分形不仅需要对相关知识有全面细致的掌握，还要求能吃透概念并进行高难度的计算。此外，分形所牵涉的内容有时对专家们自己来说都是违背常识的，这和与分形有着千丝万缕联系的数学无穷如出一辙。尽管如此，要向大众解释分形的基础概念却并不太难。最为重要的是，通过分形在日常生活和科学界各个领域内的广泛应用，冰冷、严谨又"方正"的数学与本身就更加丰富、"灵活"、未知的生活得以"握手言和"。那么，如果宇宙也是一种分形呢？

混沌的面貌

在深入分形这个星系的中心地带之前，让我们先回顾一下混沌探索之旅。你是否还记得，1889 年，亨利·庞加莱提交了三体问题的论文并获得了奥斯卡二世奖金。众所周知，庞加莱是个粗心大意之人，有时，他会因为突然出现的创造性想法和强烈的直觉而忽视论证的严谨。尽管庞加莱研究的质量毋庸置疑，但他还是在论文里犯了个错误，而这个错误是由他的同行拉斯·爱德华·弗拉格曼（ Lars Edvard Phragmén，1863—1937)发现的。弗拉格曼是瑞典人，负责检查庞加莱的手稿。这一发现促使庞加莱重新修改论文并给出了一个详细的证明。这个证明在他看来似乎微不足道，而且在与他同期的同行眼中大概也是如此，然而，它却对 20 世纪的数学产生了巨大的影响。

在表现三体问题之解的曲线中，庞加莱曾特别研究过"同宿轨线"。"同宿轨线"反复从同一个点经过，与平衡的状态相符。通过比较各个不同质点下获得的结果，一开始，庞加莱认为这些曲线中有两条曲线重合在了一起。但经过深入研究后，他发现实际情况要复杂得多：这两条曲线并不相同，而是相交了无穷次！因此，我们几乎可以说庞加莱曾是视错觉的受害者，或者至少是透视误差的受害者。1899年，庞加莱在他出版的天体力学论著中重提了这一发现，并将其称为"同宿相交网"。面对这个被创造出来的奇异几何图形，庞加莱毫不掩饰他的惊叹与困惑：

> 如果想办法将这个由两条曲线和它们之间的无数个交点所组成的图形表现出来……这些交点会形成某种网格、某种织物、某种有着无限紧密的网眼的网；这两条曲线永远都不会与自己相交，但为了无限次地切割网上的每一个网眼，它们必须各自以一种非常复杂的方式朝自身合拢……人们会被这个图形的复杂程度所震撼，复杂到我连试图去画它的想法都没有。没有什么能比这个图形更适合展现三体问题的复杂了。

当庞加莱揭示出潜伏在太阳系——以及除此之外，所有超过三个微分方程的系统——中心的混沌性时，其几何特征也呈现在了他的眼前：一个奇异吸引子。在爱德华·洛伦茨想办法表示他的大气对流模型时，他同样也绘出了这样一个"特殊分子"，这个吸引子的形状颇似一只蝴蝶！同庞加莱曲线一样，洛伦茨吸引子也展现出了一个特点，那就是表面上重复相同的轨迹，呈现出能够辨认的图形，却永远不会从同一点经过。

事实上，正如我们所见，尽管混沌动力系统是非周期性的——它们永远不会出现同样的面貌，表现出相同的状态——但它们所呈现出的图形分布却不是完全随机的，也并非由毫无形状、整齐划一的点组成的一片朦胧。它们会显现出形状，但并非周期性系统的那种规则几何形状。混沌理论无法对这些令人费解的图形做出数学上的解答，它们存在于混沌的中心，呈现出一种前所未有的秩序、结构与规律，它们便是：分形几何。

分形新世界

分形几何的研究与一个人的名字有着密不可分的联系，这个人便是 20 世纪末的著名数学家之一本华·曼德博。在那个时期，分形几何还只是星星点点地出现在几个天才的灵光之中，由于他们孑然一身，该领域也变得支离破碎，并被曼德博的同行忽视。虽然这些令人着迷的数学对象，以及由此产生的革命性的研究方法并不是由曼德博发现的，却是他使之成为一个和谐一致的整体。

曼德博不同寻常的经历与性格对分形理论的出现起到了决定性的作用。1924 年，曼德博出生于波兰华沙，12 岁时，为逃避纳粹对犹太人的迫害，他与家人移民到法国。然而，在法国被德国占领期间，曼德博一家又不得不再次前往非占领区蒂勒避难，以逃离反犹太主义的疯狂情绪。这种几乎如非法移民一般四处逃窜的童年生活对曼德博的性格产生了深刻的影响。由于学业中断，他在教育方面有着很大的缺失，他从来没有正规学习过字母表，也不会背 5 以上的乘法表！不过，曼德博天赋非凡，在解析问题几何化方面能力尤为突出，加之亲人的支持（他的一个叔叔是顶尖的数学家），这个年轻人最终得以在巴黎综合理工学院（École Polytechnique）学习数学。

在法国求学期间，曼德博与一位在法国数学界占主导地位的人物不期而遇，这位人物在国际数学史上也有着举足轻重的地位，他便是尼古拉·布尔巴基（Nicolas Bourbaki）。他是一名老师？一位同僚？一个竞争对手？在某种程度上可以这么说。他是一位数学家吗？如果你愿意这么称呼他的话。不过，他是一名独一无二的数学家，一名"团体数学家"，是有着好几个脑袋的多头怪，在脑袋被砍下时，又会再长出来！

布尔巴基：千面数学家

布尔巴基是 20 世纪最为重要的数学作家之一，不过，在寻找其肖像、探寻其出生地或长眠之处时，你将会频频碰壁，同时，你也很难读到布尔巴基的亲人对其童年过往的讲述，或对其习惯或者性格的描述。因为我们谈论的并不是法兰西第二帝国的将军丹尼斯·布尔巴基（Denis Bourbaki，1816—1897），尽管这个姓氏的灵感来源正是这位拥有希腊血统的法国军人。

自 1934 年开始，一群来自巴黎高等师范学校的年轻数学家选择以此作为团体的姓名，并以安德烈·韦伊（André Weil，1906—1998）——他是哲学家西蒙娜·韦伊（Simone Weil，1909—1943）的兄弟——为中心聚集在一起。该团体的第一个目标就是对微积分（或分析学①）的教学进行改革，将当时的教科书取代，因为对这群高等师范学校的年轻学生来说，它们已经过时了。不过，他们的宏图大志很快就朝着另一个方向如火如荼地发展起来：撰写一部百科全书式的论著，在坚实的逻辑基础上介绍当时所有的数学知识。最终，他们以尼古拉·布尔巴基为名——他们甚至还为其捏造了一段生平，就连其国籍"波尔德维"（la Poldévie）也是虚构的——写下了不朽巨作《数学原本》（*Éléments de mathématiques*），光是这本书的书名就已经足够说明他们的意图，他们想要超越欧几里得本人！

我们可以看到，在这个学生——当然不是普通的学生，他们都是

① 分析学（Analyse）：数学的一个分支学科，以微积分方法为基本工具，以函数（映射、关系等更丰富的内涵）为主要研究对象，以极限为基本思想的众多数学经典分支及其现代拓展的统称，简称"分析"。

当时法国数学界的年轻精英——开的玩笑背后，这群"布尔巴基"开始了一项空前的事业。作为逻辑化和公理化流派——弗雷格、罗素、皮亚诺和希尔伯特是其主要捍卫者，他们的使命是在无可争议的基础上重建数学大厦——的一分子，布尔巴基对整个数学学科产生了巨大的影响，他们中的每一员都共同参与作品的准备与撰写，没有任何差别和等级之分，只对成员的年龄有所限制：为了保持最初的新鲜感，避免思想僵化与固守成规，规定布尔巴基的成员年龄不得超过 50 岁。由此，布尔巴基得以定期更新人员。20 世纪法国某些最为杰出的研究人员也曾是该团体的一员，其中就有让－皮埃尔·塞尔（Jean-Pierre Serre，生于 1926 年）与亚历山大·格罗滕迪克，前者于 1954 年获菲尔兹奖，2003 年获阿贝尔奖（数学界的诺贝尔奖）；后者被许多人认为是数学界最伟大的天才之一，他也于 1966 年摘得菲尔兹奖，却拒绝前往当时国际数学家大会的举办地——莫斯科——领奖。

布尔巴基思想支持严谨，反对直觉，这对抵制成规的曼德博来说如同一把枷锁，令其难以接受，尽管他的叔叔佐列姆·曼德尔勃罗伊（Szolem Mandelbrojt，1899—1983）就是布尔巴基"委员会"的首批成员之一。"布尔巴基人"强烈捍卫形式上的严谨，他们主张脱离现实并独立于视觉表现而存在的纯粹数学。曼德博就像是一名"圣像破坏者"——或者与此相反，更确切地说，他更像是一名"圣像崇拜者"（"圣像崇拜者"指尊崇圣像的人，而"圣像破坏者"就是驳斥圣像崇拜，或者从词源学上来看，打破圣像的人）。因为与布尔巴基成员的观点相反，曼德博相信图像以及直觉在解决数学问题方面的力量，他坚信数学应当反映现实世界，应当使我们更好地理解现实世界。

曼德博再次移民，这回他去了美国。他没有向学术界的桎梏低头，而是在20世纪50年代末期，接受了当时最负盛名的信息技术公司——"IBM"提供的职位，成为该公司的一名研究员。他认为，相较数学教授来说，这份工作可以给他更多的自由，而未来将证明他的选择是正确的。

来到"IBM"后不久，曼德博不得不研究一个非常具体的问题，那就是"噪声"问题，因为它们干扰了计算机的数据传输。这些噪声的出现没有明显的规律，似乎无法预测，这给这家大型信息技术公司带来了巨大的经济损失。凭着其独有的直觉，曼德博开始着手解决这个谜题，他将这些"噪声"与其他看似不相关联的现象联系起来。他在边缘数学家的文章以及被人遗忘的作品中不遗余力地翻找——他甚至声称自己曾将杂志从某些同事的垃圾桶中捡回！曼德博开始注意到某些形状、某些图形的重现，并最终在越来越多的应用中发现了它们。例如，经济学中棉花价格的波动，语言学中文章用词的分布，地理学中大城市与小城市的布局。

但是，什么数学知识可以将这些看似偶然、实则呈现出一种新兴秩序的现象联系起来呢？曼德博在数学史上一个里程碑式的发现，使他得以对计算机传输错误所呈现出的图形进行解释，而对于这个发现，人们在19世纪就有所研究，它就是"康托尔集"。

分形史前史

以那时的思维模式来看，有些数学知识就像怪物一样骇人，是既使人着迷又令人困惑的难解之谜，而曼德博的天才之处就在于能够找到它们之间存在的联系。在"分形"这个词被发明之前，人们就已经能构造并理解某些分形图形了，而且简直易如反掌——更引人注目的是它们惊人的特性以及人们可以从中得出的结论。

在曼德博之前，就已有研究人员在分形这块处女地上进行探索，其中，我们看到了格奥尔格·康托尔的名字。只要我们还记得康托尔有多么喜欢探索思维的危险领地，就不会对此感到惊讶。并且，我们还将看到，康托尔的心魔——使他一举成名的无穷将在分形的世界中扮演一种特殊的角色，并呈现出全新的面貌。1883 年，被看作"集合论之父"的康托尔描述了一个非常特殊的集合，人称"康托尔集"，通过这个集合来介绍分形世界再理想不过。该集合是在 1875 年由英国人亨利·约翰·斯蒂芬·史密斯（Henry John Stephen Smith，1826—1883）发现的，不过，它奇特的属性却逃不过康托尔的眼睛，他在无穷及其悖论的探索之路上孜孜以求。

从理论上看，康托尔集非常简单易懂。要构造一个康托尔集只需将一个片段分成相等的三段，擦去中间的那三分之一段，然后再在剩下的两个三分之一段上重复以上操作，以此类推，想重复多少次就重复多少次。直到无穷次？没错，让我们再次回到无穷！如果我们像这样不断重复，在剩下的每个三分之一段中间截去三分之一段，最终会得到什么结果呢？我们会得到一个令人困惑的图形，它会逐渐趋于消失，但似乎又总是处在消失的边缘而始终不会完全消失，它会变得隐隐约约、难以看清，却永远不会被抹去。剩下的片段将会越来越小、越来越稀疏，然而无论再怎么切分，总还是会留下些什么！甚至，剩下的片段数量始终是同样多的，因为这个集合和连续统（介于"0"与"1"之间的不间断实数集）的"大小"是一样的！不过，这样的话出自康托尔之口并不令人感到惊讶。

尽管这个图形与通常会让我们联想到"分形"一词的图形几乎完全不

像，但康托尔集——准确来说应该是"康托尔三分集"，或者如我们之前所见，应该是"史密斯三分集"——确实描绘出了一个分形，并且这无疑是我们所能理解、所能构造的最简单的分形。

分形之形

与"我们的"分形以及我们对这类图形的描述更为接近的，是 1904 年由瑞典人尼尔斯·法比安·海里格·冯·科赫（Niels Fabian Helge von Koch，1870—1924）定义的另一种图形。这种图形是"无切线的连续"曲线，其构造与康托尔集同样简单，并且构造原理也与之相近：我们同样将一条线段——将其称为"初始元"，以表示图形的初始状态——分成相等的三份，接着去掉中间那段。但这次，我们将用另外两条线段来"代替"被去掉的线段，并以这两条线段为两边，以"被擦去"的线段为原本的第三边构成一个等边三角形，再将这两条线段与初始元两端的三分之一段线段相连。如此这般完成第一次操作后，便得到了四段长短相同但不再呈直线排列的线段——我们将其称为一个序列的"生成元"，也就是每个部分都会被无限重复的"形状"。接着，我们对四条线段中的每一条进行相同的操作，以各自被擦去的中间三分之一段为底，在每一条线段上增加一个等边三角形。随着这一操作的重复进行，我们将画出一条锯齿状的线，其总长度也将不断增加——每次增加三分之一：每一条边上都增加了两条边，长度为它的三分之一（因为三角形是等边的，其中一条边的长等于中间的三分之一段），但由于我们去掉了长度等于新三角形底边的一条边，这就如同我们只增加了原长度的三分之一。

"科赫线（或曲线）"还存在一个更为惊人的变体，也就是所谓的"科赫雪花"（见图17），其构造方法与"科赫线"相同，只不过其起始图形（或"初始元"）不是一条线段，而是一个等腰三角形。我们只需对三角形的每条边进行相同的操作：去掉三分之一段，再用一个等边三角形的两条边将剩下的两段相连，而该三角形的第三边本应是被去掉的那三分之一段。

通常来说，构造这类图形时，将它们画成图像要比描述它们更容易，构造"科赫雪花"也是如此。我们可以非常清楚地看到，在重复几次之后，一片雪花的形状跃然纸上，并且它的边缘也被切割得越来越细。

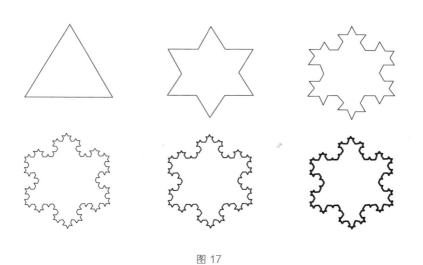

图 17

这片雪花的周长每次都会增加，但不会超过起始三角形外切圆的周长——这个圆的中心是三角形三条对称轴的交点，这三条轴同时也会经过三角形的三个顶点。此时，分形最令人惊讶的特性之一浮现在了我们的眼前：将无穷包含进有限之中。因为如果我们无限次地重复基础算法——生成元——科赫雪花的周长便会趋于无穷，但它的面积却是有限而确定的。科赫曲线也是如此，它的长度会在有限的空间内达到无穷。

不过，使分形几何的这一特性得到淋漓尽致的体现，并使其开始显现出革命性意义的是最后这些"分形前身"：1890年，由意大利数学家朱塞佩·皮亚诺（Giuseppe Peano，1858—1932）描述的皮亚诺曲线——它们在某种程度上构成了分形的史前史。

皮亚诺曲线的构造比科赫曲线或康托尔集的构造要稍微复杂一些，但它仍然可能通过手工画出——至少是最初的几步！当重复的次数趋于无穷时，我们所得的曲线不仅将拥有无穷的长度，还会遍历整个平面（边长为"1"的正方形）内的每一个点。这条"填充空间的曲线"一次次朝着自身细细盘绕，以至覆盖了正方形的整个表面。由此，皮亚诺证实了康托尔在1877年时的革命性发现：直线与平面是等价的——或者更确切地说是"一一对应的"——两者包含相同数量的点。然而，皮亚诺没有采用任何图示对此加以说明，他仅仅使用代数语言描述了皮亚诺曲线的构造。

1891年，大卫·希尔伯特提出了一条类似的曲线，并通过图形将构造该曲线的前几个步骤表示出来：只需将这个边长为"1"的正方形分成相等的四个正方形，再将其中心点连接起来，然后对四个正方形中的每一个进行相同的操作，以此类推（见图18）。

图 18

皮亚诺曲线与希尔伯特曲线挑战着我们已有的认知，同时我们提出了一个棘手的问题：像这样一条覆盖了一整个平面的曲线是几维的呢？根据定义，一条线（曲线）应该是一维的，那它怎么会与一个二维的正方形相等呢？难道连维度的定义都需要被重新确立吗？

追求通用性的皮亚诺

除了描述能覆盖单位正方形（每条边都有一个单位长与连续统，即"0"到"1"之间的实数集相对应的正方形）的皮亚诺曲线，在数学史上，皮亚诺还一直是"公理化运动"的重要参与者之一，该运动旨在以无可置疑的逻辑为基础，重建数学学科。1889年，他用拉丁文发表了论著《算术原理新方法》（*Arithmetices principia nova methodo exposita*）。到了 19 世纪末期，使用拉丁语发表作品早已是过时之举，只有个别几所大学强制规定在撰写某些研究生论文以及博士学位论文时使用这种语言。但皮亚诺不仅是逻辑学家与数学家，他同样还忧心语言的通用性问题，因而在该领域也做出了贡献。拉丁语使欧洲所有学者得以相互交流而不受母语与国别的限制，皮亚诺因此想要重拾这种语言所带来的沟通便利。带着这种愿望，1903 年，皮亚诺摒弃了拉丁语复杂的语法，并在其中加入了从欧洲各种活语言(意大利语、英语、德语或者法语) 中借来的现代词汇，由此创立了简化版的拉丁语"无曲折拉丁语"（"latino sine flexione"）。特别是，他还用这种语言撰写了作品《数学公式汇编》（*Formulario mathematico*），不过，这种学术版的世界语并未像其创造者希望的那样得到广泛使用。

分形：超越逗号的维度

我们之前已经看到，通过数学，我们能够想象并构造任意维度的空间，不过，这些维度通通都是整数维。四维空间、十一维空间或者二十五维空间都还能说得过去，但能够填满一整个平面的皮亚诺—希尔伯特曲线究竟有多少个维度呢？答案就隐藏在形容词"分形"的其中一个含义——也是最容易被人遗忘的一个——之中。1973 年，曼德博在他的书作《分形之物》（*les Objets fractals*）中引入该词。"分形"一词源自拉丁词汇"fractus"——意为"断裂、破碎"——并且从分形的外观来看，曼德博选择该词的第一个理由显而易见：与数学家以前惯常研究的平滑曲线不同，无论在何种尺度下观察，分形都是棱角分明、高低不平且被分割切碎了的。这一特性绝不仅仅体现出了分形的美学价值，其数学蕴含也是分形理论革新性的关键所在。

我们此前已经看到，可以对一个函数进行微分（或求导）运算，也就是计算函数的导数。不过，需要说明的是，并非所有函数都可以求导。有些函数是不可导的，因为它们不是连续的：它们会呈现出断裂以及突然上升的情况，在图示的曲线中很容易就能观察得到。即使断断续续存在断裂，在进行数学分析时，人们也总有办法将这条曲线"切割"成可导的线段，再分别对每一段单独求导。然而分形的函数曲线比这还要复杂：虽然它是连续的，却处处不可导，因为无论在哪个位置，我们都无法确定它的切线。1861 年，卡尔·魏尔斯特拉斯（Karl Weierstrass）构造了一条连续却不可导的曲线，因为它全部由角构成，而这也是数学家描述的首个分形！混沌理论见证了拉普拉斯梦想的破灭，一个预测宇宙之梦、消除时间之梦、掌握偶然之梦的破灭。

至于分形，由于整个牛顿数学物理学都是在微分和积分的基础上建立的，因此不可导的分形使牛顿数学物理学不再万能。不过，这并非巧合，因为正如我们此前所见，分形就是混沌特性的几何体现，以至曼德博曾经提议将"奇异吸引子"称作"分形吸引子"。对他来说，"奇异吸引子"并没有什么好奇异的，我们在许多自然现象中都能找到它。

不过，"分形"一词同时也诠释了这些迷人之物的另外一个特点，这个特点与它们的维数有关。让我们回到这个棘手而又关键的问题：可以覆盖整个平面的皮亚诺曲线和希尔伯特曲线有多少维呢？这个问题的答案涉及对维数概念的全新定义。1911 年，布劳威尔将维数确立为一种拓扑不变量，也就是说，任何变形都不能改变物体的维数，使某个维数变成另一个维数。这会造成一种奇怪的几何困境，比如皮亚诺曲线就似乎在两个维数之间飘忽不定。不过，以拓扑学的观点出发来定义维数并非唯一可能。1919 年，根据物体及其缩小版副本"填满"空间的方式，费利克斯·豪斯多夫（Félix Hausdorff，1868—1942）提出了另一种被称为"相似维数"或"豪斯多夫维数"的维数概念。在此概念下，维数问题的答案令人费解：一些物体，比如皮亚诺曲线和希尔伯特曲线，它们的维数将不再是整数，而是分数！这些实体的维数确实"介于"两个整数维之间。

这个新的维度概念并没有实际的用途，仅仅被看作一种规避问题的理论，直到曼德博为它找到了一处极大的用武之地，那就是用它来描绘与之相关的几何实体的特性。他将这些图形称为"分形"，这不仅是因为它们的外观呈分裂之状，还因为它们的维数不是一个整数，而是一个分数（或者说是一个带小数点的小数）。利用豪斯多夫引入的维数新概念，曼德博甚至计算出了分形物体的维数，结果还相当精确。按照他的计算，科赫曲线的维数为 1.2618。那么他是如何得到如此精确的结果的呢？有几种方法可以确定一个物体的分形维数，其中之一便是计算一个分形含有多少个与之相同的副本，以及这些副本在整体中的占比。通过一个简单计算——但仍需引入对数函数（与幂函数相反：如果 $y = x^m$，那么 $\log_x y = m$，其中 "x" 为对数的 "底数"）——就能得到分形物体的维数。

就所有整数维的物体而言，如果我们将它们分割成与自身相同的副本，那么得到的副本个数将等于该物体与其副本尺度（将物体分割为副本的次数）之比的维数次幂。

以一个正方形为例，若是第一次将它分割成与其自身相同的副本（几个小一些的正方形），我们最少可以得到 4 个副本。也就是说，我们可以得到 4 个相同的正方形，尺度为原来的 1/2（因为我们只"分割"了一次正方形）。如果还想得到更多相同的正方形，再进一步，就能得到 9 个相同的正方形，它们会更小，尺度为原来的 1/3。在这两种情形下，如果我们进行平方运算，也就是 2——也是正方形副本与原正方形尺度之比的分母（或除数）——次方运算，就能得到正方形副本的数量：在 1/2 的尺度下，数量为 $2^2 = 4$；在 1/3 的尺度下，数量为 $3^2 = 9$。如果我们对一个立方体进行相同的操作，则最少能得到 8 个尺度为原来的 1/2 的立方体，27 个尺度为原来的 1/3 的立方体。如果我们对这两个尺度之比的分母进行 3 次方运算，会分别得到：$2^3 = 8$，$3^3 = 27$。因此，维数就等于我们在计算一个对象的副本个数时，对副本与该对象尺度之比中的除数进行乘方运算的次方数。但是，对于分形物体来说，其豪斯多夫维数（或相似性维数）的值是一个分数。我们已经看到，科赫曲线的维数大约等于 1.26，它包含了四个与自身相同的副本（生成元的 4 条线段），每一个副本等于起始线段的 1/3。康托尔集的维数大约为 0.63，它包含 2 个尺度为原来的 1/3 的副本：集合中的这些点如"尘埃""云雾"，处于消失的边缘却永远不会完全消失。尽管它们不能算作一条直线，但它们的维数并非为零。它们拥有实实在在的几何实体。

曼德博并没有止步于此，他甚至计算出了云的轮廓线的分形维数——大约为 1.35！豪斯多夫维数的计算涉及副本数量以及自相似尺度，这在图形复杂的情况下很难计算，因此人们不得不使用另外一种方法来计算分形的维数。这种方法旨在将一个平面切割为越来越小的网格，再根据网格（越来越多、越来越小的方格）的分辨率来计算（或估算）我们的曲线所穿过的网格数量。通过这种方法，曼德博计算出了复杂分形的维数，比如，朱利亚集的维数大约等于 1.152。此外，他还估算出了大不列颠海岸线的维数，差不多是 1.26，与科赫曲线的维数相近！在自然界中，有许多物体使曼德博得以对分形的概念进行完善，并证明这些形状在宇宙中无处不在，但在这些物体中，海岸线的地位尤为特殊。

分形海岸：无穷的海岸线

在曼德博研究——正如他喜欢说的那样，他在"科学的垃圾桶"里找到了他的宝藏——即将被他定义为分形的物体时，一篇新近撰写的文章给他留下了深刻的印象，这篇文章出自一位不走寻常路的数学家——混沌现象的先驱研究者路易斯·弗莱·理查德森（Lewis Fry Richardson，1881—1953）。该文的题目为"英国的海岸线有多长？"（Quelle est la longueur de la côte britannique?），于理查德森逝世后的 1961 年发表。此后，曼德博重新研究理查德森遗留下来的问题，并于 1967 年发表了自己的同名论文。对于这个稀松平常的问题，曼德博给出了一个出人意料的答案：海岸线的长度取决于我们测量时所用"直尺"的长度！直尺的长度越短，测出的总长度就越长，直到趋于无穷。因为测量得越细，精确度越高，我们就越能将视线聚焦在海岸线的轮廓上，进行更加细致入微的观察以及总是更胜一筹的精密切割，而这条海岸线也就变得"越来越长"——却丝毫未动！

这个惊人的结论与分形的主要性质，即尺度不变性相关：无论我们在何种尺度下观察它们，它们都会呈现出相同的形态，同样清晰的细节，从外观上来看，它们似乎一模一样。不管我们是从卫星照片上观察，还是拿着放大镜研究其中最为细微的部分，英国海岸线——或者布列塔尼的海岸线，它因其"崎岖不平"的特点经常被用作例子——都会呈现出相同的轮廓：分形。

硅的启示

大多数在曼德博之前被描述和绘制出的"前分形体",即分形的前身都有一个共同的特点［虽然我们无法对其进行——筛查,但确实存在其他分形,其中最为突出的便是波兰数学家瓦茨瓦夫·谢尔宾斯基（Waclaw Sierpiński）于 1916 年提出的"谢尔宾斯基三角形"以及"谢尔宾斯基地毯":将一个等边三角形分成 4 个较小的三角形,然后再将位于中间的小三角形去掉,并对剩下的三角形进行同样的操作,以此类推,就能得到谢尔宾斯基三角形;将一个正方形分割成 9 个相等的正方形,然后再将中间的正方形擦去,便能构造出谢尔宾斯基地毯——曼德博将其称为"谢尔宾斯基汽缸垫"——这些图形还存在 3D 变体版:"门格海绵"是谢尔宾斯基地毯的变体,1926 年由来自奥地利的卡尔·门格（Karl Menger）描述而得,而谢尔宾斯基四面体则是 3D 版的"谢尔宾斯基汽缸垫"］:可以通过手绘来完成前几个构造步骤,尽管只有在经过大量的重复——最好是无限次的重复——之后,它们才会显示出自身的特性,但我们可以通过这些用直尺和铅笔就能绘制出的雏形对其进行设想。

此外,这些图形还有另一个共同的特性:"自相似性",即在所有尺度上都重复同样的图案。不过,并非所有分形都是完全自相似的,分形宇宙具有丰富的内涵,而将这一切公之于世的数学家正好受雇于 IBM 公司也并非偶然。事实上,只有计算机才有可能将分形所绘制的图形呈现出来。这些图形通过计算机生成,古怪奇异,引人注目,将分形这一新兴数学对象的潜力显露无遗。

计算机对于分形知识而言举足轻重,朱利亚集就是体现这点的一个典型案例。加斯顿·朱利亚（Gaston Julia, 1893—1978）——庞加莱的学生——及其同行皮埃尔·法图（Pierre Fatou，1878—1929）在庞加莱关于动力系统的研究道路上继续前行。在进行复平面的制图或者说变换时，他们将朱利亚集定义为"吸引域"（对应系统倾向于回归的状态的点集）的边界，而边界之外就是"排斥点"（与前者相反，是系统要"回避"的状态的点集）。不过，由于无法正确地可视化这些集合，两人的发现始终默默无闻，直到曼德博想到利用强大的计算机来解决这个问题。几年前，当曼德博在思索论题时，他的叔叔罗伊曾建议他阅读朱利亚和法图的文章。不过，由于缺少计算机的帮助，他当时并没能充分挖掘其中所蕴藏的潜力。然而，以他的名字命名的曼德博集正是他在研究朱利亚集时定义的，并且曼德博集所呈现的图形也是最受欢迎、流传最广的分形图像之一。在有些人看来，曼德博集太过复杂，不可能是被创造出来的，这佐证了数学柏拉图哲学的观点：数学科学所描述、所处理的对象是一种自主的存在，独立于理解它、发现它的人类大脑。

由曼德博揭示或者说经曼德博"整合"的分形几何具有摄人心魄之美以及闻所未闻的数学特性。除此之外，与欧氏几何乃至欧氏几何的分身非欧几何相比（回忆一下，我们之前有所涉及），它还具有一个巨大的优势——尽管从形式化数学的层面上来看，它既复杂又怪异——使人们得以更加准确地模拟现实世界，尤其是生命世界中的众多现象及物体。

无处不在的分形

分形几何在现实世界中的应用数不胜数，它使人们对数学知识有了一个全方位的理解，此前，人们对于这些知识的研究似乎仅限于定性，甚至主观的方法。同时，分形的广泛运用也使数学在公众心目中的形象得以重新建立，它证明了数学不仅实用，还可以兼具美感，甚至诗意。

如果我们仔细观察，就能发现分形无处不在！树的结构是分形，它的分枝在各个尺度上都是相同的，大到树干，小到运送浆液至树叶的细小血管——树的根系也呈现出这种结构，不过是倒置的；如果我们仔细观察将血液运送至器官的血管系统、肺部的构造或神经网络，会发现我们的有机体也是分形，所有生物均是如此；人口动态、群体反应是分形；价格波动、行市波动，以及其他众多经济变量是分形；星团、布朗运动中的原子轨迹是分形，甚至连时空结构也可能是分形！

通过研究那些如同被打入地牢的"怪物"般无人问津的数学知识，曼德博揭开了分形的面纱，使它们重新回到人们的视野中。至于分形物体的概念，则是曼德博受自然现象的启发而得。花菜的结构对曼德博来说一直有着强烈的吸引力，因为它在不断变小的尺度上呈现出相同的形状——有一个品种在这方面无疑更加引人注目，那就是宝塔花菜，它就像来自另一个星球！另外，海岸线的轮廓也同样让他惊叹连连，随着量尺长度的缩短，海岸线的长度能一直延伸至无穷！

无穷中的无穷

为何大自然经常使用分形结构呢？我们当然可以通过神秘主义来解释——有的人对此锲而不舍——但其实并没有这个必要。当肺泡、树叶或血管遇到问题时，分形是解决问题的最佳方案：使一个维度中的"数量"在另一个维度中尽可能多地保留下来，如此而已！

无论我们先前提到的哪一种情况，都是将一个巨大的表面进行充分折叠，再将它"放进"一个缩小的体积中：大气与生命体（无论是植物还是动物）间进行气体交换需要有一个大的表面，但如果把这个表面铺开，我们就会在一个巨人的世界中进化发展，而巨大的机体会导致能量损失，怎么也不合算。不过，我们先前已经看到，有一种图形能使我们更好地在不同维度之间"游走"，并且将无穷的维度纳入一个维数更高但有穷的空间之中，那就是分形！

当然，我们在自然界中发现的分形结构并不等同于在计算机上计算并绘制出的分形函数。我们可以无限放大后者，相同的结构会源源不断地出现，但在自然界中，分形的尺度不变性是有限度的：对于活体组织而言，这个限度是细胞级的。

与理论模型不同，现实中的海岸线并不能达到无穷的长度，因为即使我们将测量海岸线的"直尺"长度尽可能地缩短，对于无限精度（以及测量长度的相应增加）的追求也会遭遇无穷小的理论极限：普朗克长度（等于 1.6×10^{-35} 米。相较之下，构成原子的粒子的直径都有一飞米，也就是 10^{-15} 米。这意味着普朗克长度非常小）。根据量子物理学的理论，只要长度小于普朗克长度就无法测量。

不过，可能普朗克长度，也就是测量精度（或分辨率）的绝对极限本身也可以用分形来解释。事实上，有一个理论可以使爱因斯坦调和相对论与量子力学之间的矛盾，从而使统一物理学的梦想成真。这个理论被称为"尺度相对论"，来自巴黎—默东天文台的法国天体物理学家洛朗·诺塔莱（Laurent Nottale）是该理论的捍卫者，而解答"尺度相对论"的数学关键便是分形几何——一如非欧微分几何为爱因斯坦提供了广义相对论之谜的终极解答。

尺度相对论的思路是将由伽利略提出并由爱因斯坦继承的物理学相对性原则扩展到尺度的概念上。用最简单的话来说，无论我们在什么地点（物理学家称之为"参照系"）观察现象，物理学定律都应是相同的。不仅如此，它们也不应随观察尺度（放大率或分辨率）的变化而变化。因此，不必在无穷大物理学（广义相对论）与原子及亚原子尺度的物理学（量子论）之间划定界限。

　　不过，诺塔莱和他的合作者以及同样捍卫尺度相对论的同僚发现，如果透过分形几何来观察所有现象，那么这条界限是可以被消除的。因此，虽然从"经典"物理学的角度或常识来看，量子物理学所描述的粒子行为显然是反常的，但若设想它们遵循的轨迹是原子尺度上的时空分形"测地线"①，这种行为就可以得到解释。

　　至于普朗克长度——以及它在时间上的对等物普朗克时间（5.4×10^{-44} 秒），根据量子物理学的观点，它是测量时间分辨率的绝对极限——它并不是一道不可逾越的障碍，只是一旦超过这个范围，我们就不可能再提高测量的分辨率——这在某种程度上可以与狭义相对论中的光速相提并论，光速是速度的极限值，我们不可能再在光速的基础上提速。

　　需要明确的是，尺度相对论还远未获得物理学家们的一致接受。至少可以说，该理论还存在争议。有些人甚至认为它是过时或者无效的——他们甚至谴责它是一种伪科学——并且，该理论也确实没有获得令人信服的实验论证。

　　不过，如果尺度相对论在未来能够被证实，不可否认，凭借它的优雅与解释能力，必将成为 21 世纪物理学的杰作之一。或许未来将会告诉我

---

① 测地线：又称大地线或短程线，数学上可视作直线在弯曲空间中的推广；在有度规定义存在之时，测地线可以定义为空间中两点的局域最短路径。

们，时空最深层、最本质的结构其实并非如爱因斯坦所想，与非欧几何中的黎曼几何相符，而是与分形几何以及更为蜿蜒曲折的"测地线"相对应！

第十四章

永远无法闭合的圆：
不完备性

**或许是因为我太能忍受自己的无知，才导致我的知识增
长如此缓慢。**

——哥德尔

  逻辑形式化和数学公理化运动始于 19 世纪中叶。20
世纪时，人们从这场运动中看到了希望，认为有可能将数
学学科打造成一个完美的系统。那时，人们有一个美丽的
梦想，那就是使所有数学命题成为一个一致而自主的整
体。然而，一项引人注目的发展却使这个美梦走向了破
灭，而它正是这场运动的产物。又或许，当数学暴露出自
身的局限性并带来新的思考角度，从而使整个时代的世界
观——远远超出专业领域之外——都随之颠覆时，这个美
梦就已经破灭了。

再造乾坤

自文艺复兴时期的科学革命之火点燃开始，科学经历了一场名副其实的爆炸式发展，各种进步以前所未有的速度相继出现，其中也包含数学的进步，尤其是符号代数、解析几何与微积分学的发明还有非欧几何学的发现，除此之外，复数也完全加入了数学实体的行列。

然而，飞速的进步自有其代价：这些为数众多的发展根基不稳，所依赖的原理要么阐述得不够清晰，要么组织得不够严密，其缺陷、盲点、模棱两可之处都显现了出来。那些最为细致入微、最为吹毛求疵的研究者将它们的薄弱环节一点点暴露，同时还在伤口上撒盐，拿出了一个可能会引起矛盾或对某些定义不清的概念造成威胁的理论，慢慢地，这座花费了数学家们 4 个世纪才建起的宏伟建筑变得摇摇欲坠。

因此，公理化和形式化成为 20 世纪初最为显著的口号。公理化即围绕一个坚不可摧、无懈可击的公理核心，重新建立一个特定的数学领域——最终也将是重新建立整个数学学科——并根据戈特洛布·弗雷格在其《概念文字》（*Idéographie*）（1879）中建立的逻辑推理规则，从这些公理中证明所有已知的定理(以及发现新的定理)。这是一种严格的符号系统,它规定了一切推演进行的有效方法。

形式化是公理化的必然结果。现存的"人类"语言模棱两可,缺乏精确性,数学家们对其缺乏信任,遂产生了用符号来标记所有命题的想法。这种做法与代数的形式化如出一辙,并且还被推广应用到了包括几何学在内的几乎所有专业中。面对将一切转化为数学符号的愿望,自亚里士多德时代起便是哲学之根基的逻辑学也做出让步。如此一来,英国人乔治·布尔成为引入"逻辑代数"①概念的第一人,继他之后,其他人也涌入这片蓝海,数学就这样征服了逻辑学。此后,一切数学规则、推理、命题都可以用方程和公式来表示,在外行人看来,它们让人难以理解,但其结构实则严密无比,并且一般来说没有任何含糊不清,也不会造成理解上的歧义。

然而,就在形式化数理逻辑发展之际,这台润滑充分的机器却出现了齿轮松动的问题,以致发出刺耳的哀鸣。

第一条裂痕:侵蚀逻辑的悖论

20 世纪初期,第一个巨大的悖论就毫无遮掩地出现在大众面前,将数学家们从绝对形式主义的睡梦中唤醒。虽然只能说是时间上的巧合,但还是相当令人震惊。

德国数学家、逻辑学家及哲学家戈特洛布·弗雷格在《概念文

---

① 逻辑代数:一种用于描述客观事物逻辑关系的数学方法,由英国科学家乔治·布尔(George Boole)于 19 世纪中叶提出,因而又称"布尔代数"。逻辑代数有一套完整的运算规则,包括公理、定理和定律。它被广泛地应用于开关电路和数字逻辑电路的变换、分析、简化和设计上,因此也被称为"开关代数"。

字》一书中奠定了数理逻辑的基础，紧接着，他又开始实现整个学科的基石——算术的公理化，并于 1884 年出版作品《算术的基础》（*Les fondements de l'arithmétique*），1893 年出版作品《算术的基本规律》（*Lois fondamentales de l'arithmétique*）。为此，他诉诸了康托尔的集合论，却未曾思考这个理论是否足够坚实有效。英国数学家及哲学家伯特兰·罗素也是公理系统和形式系统的狂热爱好者，他相信数学宇宙（最后是宇宙本身）将屈服于符号逻辑语言表达下的机械式推演。以弗雷格及其他一些人建立的公理为基础，他开始重建整个算术大厦！只是在这项浩大的工程中，罗素遇到了一个阻碍，这个阻碍大到足以使整场形式化运动就此夭折，而此前这场运动为数理逻辑带来的进步是如此之大。所有关于算术的逻辑形式化工作都是在集合论的基础之上进行的。事实上，就在集合论中，罗素发现了一个巨大的"漏洞"——那个时代可能不存在这种说法，但这个比喻却很恰当，因为公理形式化的运作方式确实就是一个计算机程序、一种算法——自指集合悖论，也就是后来著名的"罗素悖论"。

什么是"罗素悖论"？众所周知，用纯语言形式来表述罗素悖论的例子多种多样，但它们揭示的都是同种情形。概括来说，罗素悖论就是由包含自身的集合或不包含自身的集合产生的悖论。你可能会说，这也没有多复杂，只要不把某元素的集合当成这个集合里的一个元素便可。比如，举个与数学有关的例子：所有实数的集合自身不是一个实数。此外，一般来说，所有数的集合本身也不是一个数。不过，所有这些集合——以及所有可能领域内的其他集合，现实的也好，虚构的也罢——的共同之处都在于它们不包含自身。而当人们开始考虑这些集合的集合时，问题就这么冷不丁地出现了，因为集合论疯狂迷恋像套娃或者相对而置的镜子这样的结构，这些结构会无限地自我复制，产生集合的集合的集合……假设"不包含自身的集合的集合"包含自身，即假设它自身是其构成集合中的一个元素，它就该不包含自身，因为此时它应该满足"不包含自身的集合"这个元素定义。而假设它不包含自身，它就属于"不包含自身的集合的集合"，那么，它就应该包含自身！

如果你在思考逻辑悖论究竟是什么样的，那么现在你知道了！如果你认为这简直会把人弄疯，那说明你还没有完全疯：因为当逻辑如此层层嵌套，陷入无休无止的循环之中时，确实会使人手足无措、烦恼至极。

说谎者悖论

如果悖论的表达方式让你感到茫然无措，请不用担心：逻辑命题（有些甚至还很疯狂）很难用已知语言的字词进行表述，正是在这个原因的促使下，数学家们才创造出了形式语言以消除纯语言表意不清的问题。过去，人们曾多次使用具体的实例来表述逻辑悖论，其中最为著名的便是"说谎者悖论"：当某人说"我在说谎"时，假设这句话为真，就与"我在说谎"这句话不符，那这句话就是假的；假设这句话为假，就与"我在说谎"这句话相符，那这句话又是真的！

米格尔·德·塞万提斯（Miguel de Cervantès，1547—1616）的《堂吉诃德》（*Don Quichotte*）中还有一个例子也经常被人引用，这个例子与桥有关。在这本著名小说的第二卷中——出版于1615年，比第一卷晚了十年——一位领主开出了一个过桥的条件：当被问及目的地时，只有如实交代的人才能通过，说谎者将被处以绞刑。有一个人来到这里想要过桥，当问他为什么的时候，此人直截了当地回答道："我是来接受绞刑的。"如何处置这个人？如果不绞死他，他说的话就成了谎话，那他就该被绞死；但如果绞死他，他说的话又成了实话，那他又不该被绞死。同样的困境还有一个更加现代的版本"我可不想加入一个会接纳我为会员的俱乐部"，这句名言被认为出自格劳乔·马克思（Groucho Marx）之口，但经常引用它的伍迪·艾伦（Woody Allen）却倾向于将其归于弗洛伊德的名下。

"纯"逻辑的真实性是无可争议、毫不含糊的，如果说是日常语言的层层雾霭隐藏了这种真实性，促使悖论产生，那么逻辑形式化应该能够将这类悖论通通消除。然而，这正是罗素悖论让人感到困惑无比之处：在全新的逻辑代数机制下，这个古老的悖论仍然存在，并且在很长时间内都不会消失。不仅如此，它还变得比以往任何时候都更为无解！可见，并不是模棱两可的语言制造了亦真亦假的幻象，也不是言语交流的缺陷扭曲了看待问题的视角，而是逻辑自身就处于困境之中！更为严重的是，这种困境阻碍了集合论的完美构建，而人们试图用来支撑它的理论——尤其是弗雷格的形式化算术理论——也通通变得难以自圆其说，威胁就像病毒一样蔓延开来，殃及所有与之相关的命题，使整栋集合论的大厦摇摇欲坠。

罗素在弗雷格的杰作[①]中发现了这种矛盾，并向弗雷格指了出来。于是，此前没有注意到这个问题的弗雷格被彻底击垮了，他认为自己的劳动成果化为乌有，要知道这耗费了他职业生涯的大半时间。但需要强调的是，这并非事实：尽管罗素悖论一针见血，难以回避，但弗雷格的这部作品仍然是逻辑史上最杰出的作品之一。不仅如此，作为学者，他正直坦荡，面对科学，他抱诚守真，这种姿态与风范也为弗雷格披上更为耀眼的荣光。在同样的情形下，面对自己的反对者，很多人可能都会以诋毁或嘲讽相

---

① 弗雷格的两卷本的著作《算术的基本规律》。该套作品的第一卷出版于1893年，第二卷出版于1903年。

还，并"秣马厉兵"准备给对方一记有力的反击——在看似高度文明的学术丛林之中，这种行为屡见不鲜——但弗雷格却冒着损害自身成果的风险承认矛盾确实存在。

罗素悖论宣布了公理系统形式化第一次重大危机的到来，在这次危机面前，另一位公理形式主义的捍卫者——我们甚至可以说是唯一的捍卫者——大卫·希尔伯特与绝望的弗雷格之间形成了鲜明的对比，他不承认自己这么轻易就被击败了。

希尔伯特：一统数学的全才数学家

在数学形式化的战役中，希尔伯特是一名十足的"失败者"。尽管如此，他仍然是 19 世纪至 20 世纪，甚至可能是整部数学史上最伟大的数学家之一。希尔伯特是哥廷根大学的领军人物，20 世纪时，该校成为世界上最大也是最顶尖的数学中心，希尔伯特功不可没。

1900 年，希尔伯特在巴黎数学家大会上提交了一份问题清单，该清单包含了 23 个在他看来最为重要的数学问题。他认为，这些问题决定了数学学科的未来。他敏锐的洞察力至今仍让人钦佩不已，因为这体现出了他对那时数学领域内所有知识深刻而清晰的认识，他知道在新世纪到来之际，哪些问题将对时代产生重大影响，其中一些至今仍然具有现实意义。

在职业生涯末期，希尔伯特还闯入物理界，并以对广义相对论做出了重大贡献而闻名。不过，长期以来，他一直捍卫着某种理想，一种关于"纯粹"数学的理想，关于数学对象及推理独立于物质世界而存在的理想。他在《几何学基础》（*Fondements de la géométrie*）（1899）一书中断言，与欧几里得为建立几何学之厦所提出的公理体系相比，他的公理体系可谓大相径庭，但只要保持公理相互间的关系不变，无论其所指对象为何，它们都始终有效，这让许多读者感到震惊。因为根据他的说法，人们完全可以在不影响系统一致性的情况下，用"桌子""椅子"和"啤酒杯"来代替"点""直线"和"平面"。不过，希尔伯特对引入了高等数学的新兴物理理论兴味盎然，特别是其中的相对论，这促使他"屈尊"投入这项具体应用的研究当中。尽管一开始，他在物理学家面前表现得非常傲慢与不屑，后来，又与爱因斯坦就引力场方程之解的问题——这将颠覆"万有引力"的概念——进行了一场数学较量，但当他败下阵来时，却没有失掉风度，并且，他与爱因斯坦两人之间也始终保持着对彼此的欣赏之情。

尽管希尔伯特未能实现数学公理化这项雄心勃勃的计划，但他仍然是现代不可或缺的数学家之一，并与庞加莱合称为"最后两位掌握了数学学科内所有领域知识的数学家"。他的工作成果在量子力学领域得到了突出应用，因为该领域的研究就是在"希尔伯特空间"中进行的。

"我们必须知道，我们终将知道！"

与弗雷格不同，希尔伯特并没有因为逻辑悖论——如罗素悖论——与集合论悖论（源自康托尔对于无穷的研究）的出现而感到不知所措。他将公理化作为重建数学的口号，并将其运用到几何学中，巧妙地阐释了其中的规则。1904—1908 年，他的合作伙伴恩斯特·策梅洛（Ernst Zermelo，

1871—1953）也对集合论进行了公理化。根据弗雷格和皮亚诺所奠定的逻辑基础，罗素和他的老师阿尔弗雷德·诺斯·怀特海开展了形式化算术的工作，其成果在两人的不朽巨著《数学原理》（*Principia mathematica*）中得以呈现。《数学原理》分为三卷，于 1910 年至 1913 年出版，是一部极其晦涩难懂的论著。在该书中，罗素与怀特海费尽九牛二虎之力，使用一连串在普通人看来不知所云的符号进行了一番严密的逻辑推演，终于得出了"1 + 1 = 2"这个惊人的结论，而这也是该著作中被引用得最多、最引人热议的内容。这两个英国人绞尽脑汁就为了得出这么一个在我们看来显而易见的结论，这可能会让人觉得好笑，但同时这也很好地体现出了这项工作的本质及浩大的规模，即在不可动摇的逻辑基础上建立起算术——无疑是数学基础中的基础——的大厦。

罗素确信，在以他的名字为名的悖论中存在一种逻辑困境，他发现这种困境远非一种暂时性的困难，因而只能考虑去规避它，而不能去破解它——这其中存在一种根本性的局限：除自指集合，即包含其自身在内的集合之外。一般来说，所有自身定义与其所属集合之定义相一致的对象都预先假定了它所要证明的内容，从而导致推理中的循环论证。

然而，希尔伯特却不这样认为。相较罗素而言，希尔伯特对公理化的力量要更有信心，他坚信矛盾可以消除，知识不应存疑。关于这一点，他的座右铭"我们必须知道，我们终究知道"就很能说明问题。在 1900 年巴黎数学家大会上，他以这句话作为结尾结束了那场著名的演讲，后来，他又要求人们在他的墓碑上刻下了这句话。

希尔伯特希望通过他的计划实现数学各分支的公理化及形式化以重建数学学科，但该计划能做的远远不止于此。实现数学各分支的公理化及形式化，继而重建数学学科只是这个计划的冰山一角。希尔伯特似乎认为这项巨大的工程已经胜券在握。然而，这才仅仅是开始，实现物理学公理化、化学公理化，最后是广义上所有自然科学的公理化才是这场计划的重头戏！而这个作战计划所得的结果将会与德国哲学家格奥尔格·威廉·弗里德里希·黑格尔（Georg Wilhelm Friedrich Hegel，1770—1831）所说的"绝对知识"，也就是求知的最终目标——不过，黑格尔声称将通过一种与数学毫不相干的手段来达到这一目标——极为相似。

数学幻梦

即使在今天看来，希尔伯特的计划都像是一种痴心妄想，但在 20 世纪初期，他的乐观主义精神却并非没有由来。公理化这种方法确实取得了实质性的胜利，而它未来可能带来的成果也与还原主义这种世界观相符。在当时，这种世界观得到了许多科学家与思想家的认同。根据还原主义的宗旨来看，世界上没有任何东西能够逃脱理性的掌控。因此，它们都属于科学的管辖范畴——也就相当于数学的管辖范畴，因为数学能为所有知识领域提供范例，并像罗盘一样对它们起到一种引领的作用。

为保证一个公理体系的有效性与确定性，希尔伯特设立了三个条件：

该体系必须是独立的（或非冗余的），即其中的每条公理都不是其余公理的推论。

该体系必须是相容的，即不存在像罗素悖论那样的逻辑矛盾。在主要由弗雷格建立的逻辑推理规则下，不能从该体系的公理中推导出相互矛盾的命题，即一件事与它的反面不可能同时为真。

该体系必须是完备的，即体系中的公理必须能够证明该体系中所有的真命题。在公理体系中，不应有灰色地带、盲点或不确定性存在。

然而，在一个巨大的障碍之下，这场数理逻辑的宏图霸业终将变为南柯一梦。或许，无论是希尔伯特还是任何一个与他同时代的人（包括那个击溃他的人）都没能预见这个障碍的产生。在几乎是违背自身意愿的情况下，一位年轻而杰出的逻辑学家制造，或者说发现了这个障碍，他终日戴着一副圆框眼镜，镜片后面的尖锐目光中带着一丝怪异，他便是数学史上最为独特也最有魅力的人物之一：美籍奥地利人库尔特·哥德尔。

哥德尔：魔鬼就在逻辑当中

1906 年，这位自亚里士多德时代以来最伟大的逻辑学家（普林斯顿高等研究院院长朱利尤利乌斯·罗伯特·奥本海默如是介绍，哥德尔曾在该研究院供职）在布隆，也就是如今的布尔诺——位于捷克共和国（当时属于奥匈帝国）——诞生了。在那里，修道士格雷戈尔·孟德尔（Gregor Mendel，1822—1884）潜心进行植物杂交实验，就此发现了遗传学定律。

为了逃避纳粹政权，逻辑学家哥德尔和他的妻子移民到美国，并在那里度过了他生命中最后的 36 年。这位逻辑学大师与物理学天才爱因斯坦都曾受聘于普林斯顿高等研究院，其间两人结了下深厚的友谊，一直到后者逝世。为了证明（纯理论上的）时间旅行的可能性，几乎已经放弃了所有逻辑研究的哥德尔还一度致力于相对论的研究。另外，当哥德尔接受美国入籍申请的审查时，爱因斯坦还作为两名法定证人之一陪同前往。在面试中，哥德尔需要证明自己对美利坚合众国宪法的了解，为此，他表示自己在宪法中发现了一个逻辑漏洞，而这可能会给独裁统治留下恣意发展的空间！最后，哥德尔顺利获得了美国国籍，为这个故事留下了一个美好的结局。

太平洋战争全面爆发时期，他还因涉嫌间谍活动与死神擦肩而过：那时，美国人对德国潜艇的恐惧达到了无以复加的地步，而他却被人撞见在海滩上踱来踱去，嘴里还念念有词地说着德语，因而被认为是在试图与 U 型潜艇进行交流！哥德尔是一个十足的柏拉图主义者，他相信在物质世界之外还存在一个理想的世界。不过，除了数学实体，他认为这个世界中还居住着天使与魔鬼，他们能够对可感世界产生影响。哥德尔患有强迫症和恐惧症，这无疑与这种奇怪的信仰体系有关。在他生命的晚年，恶化的病情甚至使哥德尔陷入妄想之中。他深信有人想要毒害他，因此只吃由自己的妻子准备并品尝过的食物。在他妻子住院的半年时间里，他几乎处于绝食状态，直到 1978 年被恶病质①夺去生命——那时，他的体重还不到 30 千克。无论如何，库尔特·哥德尔仍然是一个天才般的人物，他提出了不完备性定理，使希尔伯特的宏伟计划分崩离析。

希尔伯特计划的双重困境

让我们回顾一下，一个成功的公理体系的三个标准：独立性、相容性和完备性。1931 年，哥德尔提出了不完备性定理，正如其名所示，它破坏

---

① 医学上指人体显著消瘦、贫血、精神衰颓等全身功能衰竭的现象，多由癌症和其他严重慢性病引起。

了公理体系三个基本条件中的最后一个。不仅如此，它同时也破坏了第一个，因为哥德尔不完备性定理得出了相互矛盾的两种结论——我们甚至可以将其看作相互关联的两条定理，其阐述既相一致又各自有别。

我们很容易记住其中的第一个结论，因为它与定理的名字完全相符，即公理体系具有"不完备性"。这个结论还涉及一个经常与哥德尔的名字挂钩的关键词，即"不可判定性"。这个词是说，在形式体系，也就是在类似于算术的体系中，无论我们做什么，总是存在不可判定的命题，即在同一个体系内，既不能证明其真，也不能证明其伪。因此，这样的公理体系是不完备的，因为对于其逻辑语法所能构造的所有命题来说，光靠这一个体系并不足以证明它们的正确性。在1900年的国际数学家大会上，希尔伯特在那篇著名的演讲中发表了他的胜利宣言："数学家永远不可能沦落到说'Ignorabimus'（拉丁语的"我们不知道"）的地步。"然而，不可判定的论断听起来就像是对这一宣言的尖锐反驳。如今，当人们再回过头来思考这一声明时，才发现它是过于乐观了。

接着，是该定理得出的第二个结论，这一结论给了希尔伯特计划致命的一击：在所有形式体系中，都有这些"不可判定命题"存在，它们不可撼动。由此，我们可以推断，人们不可能在同一体系中确立并证明形式体系的相容性——有时也称"一致性"。至此，希尔伯特的梦想正式宣告破灭。曾经，他隐约看见了公理逻辑这座宏伟教堂的落成，然而这座教堂却有着永远无法弥补的缺口：它既无法包含，也无法理解所有可以从其公理中推断出的命题！

对于在完全形式化的希望之上建立的数学思想而言，这两个发现令人震惊不已、惴惴不安，而哥德尔又是如何得到它们的呢？这便是哥德尔定理最引人注目的地方：他是通过形式化本身得到它们的！事实上，哥德尔研究的并非普通的数学陈述，而是被希尔伯特称为"元数学"的命题，它描述的不是数学对象本身，而是囊括为一体的整个数学语言。总结来说，"数学"或数学科学关注的是数，而元数学关注的是数学，是数学使用的语言，是在其语法及逻辑公理下能或不能产生的命题以及有效或无效的陈述。

然而，哥德尔的绝活在于将元数学的陈述翻译为数学本身的形式语言，他的推理因而能够"完全合乎逻辑地"——根据既定的公式来推论，可能没什么比这更正确了——遵循推理规则，并通过数学语言的句法来证明它们自身的不完整性！更为高超的是，这位逻辑学家还成功地避开了悖论的陷阱，也就是推理的"循环论证"。

因为哥德尔的结论，数学史遭受了一场巨大的冲击，以至人们至今仍能感受到其余波所带来的影响。不过，有必要澄清的是，正如人类思想的诸多其他成就一样，在其中占有一席之地的不完备性定理也是其成功的受害者。不完备性定理在其原本的领域充分有效，但它却被人们修改、援引并应用到了远离其最初领域的其他各种领域。而在这些领域中，有些推论是恰当的、保守的，是在其作者的掌握范围之内的，但另一些却与哥德尔阐释的不完备性定理大相径庭，完全是在无中生有。

例如，不完备性定理并不意味着存在绝对不可判定的命题。哥德尔在算术公理体系（由罗素和怀特海建立）中提出的命题仅仅是在该体系自身范围之内不可判定，它们甚至大多是我们已知的正确命题，只是不能仅通过该体系中"产生"它们的公理得到证明，但在另一个体系中，人们是完全可以证明它们的。例如，我们可以在最初的公理清单中添加公理以构造这个新的体系。

另外，我们坚持认为哥德尔的推论适用于形式体系。"形式体系"

是个有点模糊和不太确切的定义，而要真正明确不完备性定理所适用的语言，需要用到的定义又实在太过专业；不过，我们至少要记住，不是每一个"体系"都与哥德尔的结论有关，尤其当我们从广义上理解这个词的时候，因为这其中包含的对象可能实在太多。因此，打着哥德尔定理的旗号，标榜某些论断在数学或科学层面上的正确性是对该定理的滥用，诸如"我们无法证明一切""我们无法知道一切"，甚至"知识不可能包含所有现实"这样的一般性论断。无论人们认为这些言论正确与否，这种陈词滥调都与哥德尔的工作毫无关联。

不完备性：机器中的幽灵

就像许多其他关于不完备性定理的概述一样，上面的简介可能会让人觉得哥德尔就是公理形式主义者的死敌，为使希尔伯特的计划夭折、使他的学派解体而无所不用其极。但是，没有什么比这更离谱了。尽管他可能对希尔伯特形式主义的先决条件在不止一点上存在异议，但面对这"仅凭一己之力"就使他声名大噪的结论，他或许是第一个感到震惊和迷惑的人。毫无疑问，哥德尔并不满足于"所有公理体系都充斥着不可判定命题并且这些命题只能在另一个更大的体系中才能被证明或证伪"的简单发现。同希尔伯特一样——尽管是以不同的方式和手段——他也希望能够拥抱整个数学世界，同时，他相信数学世界自成一体。

在寻找数学基础的过程中，哥德尔一手创造了这一困境，然而，要如何才能走出这一困境呢？针对数学建立之基础这一问题，相较希尔伯特学派或 20 世纪中叶其他各自为阵的思想学派，哥德尔也没能找到更好的方法

"将圆圈闭合"，或建立一个严密而完整的体系。

他所探索的道路与他的哲学思想——柏拉图唯心主义与莱布尼茨单子论（"唯灵主义"①版的原子论）的混合体——以及他古怪的信仰相关，不过，这条路会将我们带得太远，并且也没有将他引向他所寻求的答案。因此，关于如何走出不完备性困境的问题，我们将只提及他所设想的（同时也是他帮助实现的）解决方案中的一个：可计算性。

阿兰·图灵登场

为哥德尔开启通往"可计算性"的道路的，是与他同一时代的另一位（品格坚毅的）天才——阿兰·图灵（Alan Turing，1912—1954）。1936年，阿兰·图灵通过计算机器定义了"可计算性"的概念，尽管在当时这只是一个纯理论性的概念，但它却为第一批计算机的发明铺平了道路。1937年，这一概念——他的"计算机"因此而诞生——使他得出了初等数论不可判定的结论，从而扩展了哥德尔的结论。然而，对于哥德尔来说，不完备性思想的症结在于：不完备性——体系中不可避免会出现不可判定命题，出现灰色地带——只涉及可以被图灵机操作的形式语言。在他看来，数学家以及所有人类都不是图灵机，或者说不仅仅是图灵机：他们还有更多的东西，这些东西能够使他们克服不完备性定理无尽的循环，迫使其不断在体系中加入公理以弄清那些不可判定的命题。

---

① 唯灵主义是唯灵论思想凝聚并抽象而成的一种立场。而唯灵论则是指一种宗教和哲学学说。该词原指"精灵研究"，在"唯灵论"含义上使用始自法国库辛的《现代哲学史教程》（1841—1846）一书。就哲学上的含义而言，唯灵论主张精神是世界的本原，它是不依附于物质而独立存在的、特殊的无形实体。它包括各种不同唯心主义哲学派别和观点。

这使哥德尔触及了数学思想的一个关键问题，一个实际上可以追溯到数学思想之起源的关键问题。不过，从 20 世纪下半叶开始，这个问题才被赋予了紧迫的现实意义，因为它或将改变数学思想的局面：我们是计算机器吗？数学只是机器人的活动吗？

第十五章

数学机器：
数学还存在吗

如果一台计算机能够使人上当，让人相信它是人类，那么它就可以被称为智能。

——阿兰·图灵

　　在今天，如果没有计算机，数学活动将是无法完成也不可想象的。从小学开始，计算机就是人们不可或缺的工具，同时，它也是研究者们不可替代的助手，因为计算机能够完成无数人脑——就算是天才的大脑也不例外——以及人类有限的生命周期内所不能企及的任务和运算。这也是符合逻辑的，因为如果不是那些富有远见的数学家在整个历史上的辛苦耕耘，就不可能有计算机的诞生。具备思考能力的计算机已经取得了人工智能的地位，这在如今已是司空见惯，而计算机最新取得的进步，以及在不久的将来预计将取得的进步则在令人震惊的同时也让人心生畏惧。

　　相较于单纯的人机关系，由模拟与逻辑交互构成的机器—数学家组合则更为强大、更为复杂、更为深刻，并且充满了惊喜与教训。机器人最终会在数学运算上将我们取代吗？如果有这种可能性存在，那所有的数学家岂不都变成了机器人？

利用手指、石子及尺子计数

正如我们先前所见，当智人开始计数并计算之后，他们很快就感受到了一种必要，即将这种纯脑力的活动与一种实实在在看得见、摸得着的基质联系起来。在对数字和数进行"直接"操作并成功在"纸"上进行计算之前——印度—阿拉伯数字的十进制系统使运算得到简化——人类发明了各种装置及工具设备来完成计算，并同时避免出现错误及遗漏，而这些错误和遗漏则是计算这种唯一脱离物质而存在的思维活动所固有的。先是利用石子，再是利用由黏土制成的代币及其他一切同等物，这些人很容易就再现了相对较小数的加减法运算。同时，他们还开发了几种通过手指来计数的方法，直到今天，我们仍可以将这些技巧教授给我们的孩子。例如，想要知道9的乘法表是什么，只需将十指在我们面前张开，然后弯折与乘数相对应的那根手指（第三根手指就代表乘以三），结果就出来了：以被弯折的那根手指为界，位于其左边的手指根数就是十位上的数字，位于其右边的手指根数就是个位上的数字（在我们的例子中，左边有两根手指，右边有七根手指，所以结果就是"27"）。在其他更为复杂的方法中，使用指节而非手指来表示个位数，则能实现乘法运算或对"10"以上的数进行计数。

不管是古罗马人的算盘、中国人的算盘，还是玛雅人的绳结，它们都是计算机的鼻祖，简化了更大也更加复杂的数的运算。而印度—阿拉伯记数法则使人们得以"徒手"完成所有运算，这也标志着这些计算辅助工具的衰落——尽管直到最近，它们在某些国家仍然使用广泛，其中尤以亚洲的算盘为甚。

不过，纸面上的计算也很快暴露了其自身的局限性。在想方设法弱化或补足缺憾的数学家中，有一位令人尤为印象深刻，他便是来自苏格兰的墨奇斯顿男爵约翰·纳皮尔（或约翰·奈培）（John Napier）。纳皮尔发明了两种计算方法：第一种是我们之前已经提到过的对数，用拉普拉斯的话来说，对数简直使天文学家的寿命延长了一倍，因为它使他们能够在几天内完成原本需要几个月才能完成的计算；第二种便是被称为"纳皮尔筹"的数字小尺。1617 年，纳皮尔在其著作《筹算法》（*Rhabdologie*）中对其进行了介绍，通过纳皮尔筹，人们得以将乘法转化为加法，将除法转化为减法。让我们回顾一下，对数是乘方的逆运算，但其中未知数是指数而不再是底数（如果未知数是底数，逆运算则为开方，开方次数等于指数——此时是已知的），通过对数，人们也能用加减法来代替乘除法，并且它还能将幂运算转化为乘法运算。

结合纳皮尔的这两项重大发现，威廉·奥特雷德（William Oughtred，1574—1660）——许多符号的引入也要归功于他（为"π"洗礼，使用符号"×"表示两数相乘，创造主要三角函数的缩写：用"sin"表示正弦，"cos"表示余弦）——于 1621 年创造了第一把计算尺。这把计算尺由两把尺子组成，其中一把可以相对于另一把而滑动，并且尺子上还刻有对数刻度。虽然奥特雷德创造的第一个计算尺模型是圆形的，但直的"计算尺"很快便出现了，一直到 20 世纪仍在被人使用，直到被"科学"计算器和计算机取代。

计算机：具象化的数学

诚然，迄今为止，我们所看到的所有装置都可以在不同程度上被称为"计算机"，因为它们都可以独立于使用者的智慧或才能进行计算，使用者只需了解使用的记数系统以及设备的工作原理就可以保证不犯错。不过，一直到 17 世纪，一个新兴的时代，一个将计算交给名副其实的机器来完成的时代才悄然来临，这些机器在自动化（自主化）的道路上越走越远，最终促成了计算机的诞生。

需要明确的是，我们在这里呈现的并非计算机技术本身的历史或详细介绍。计算机的发明是一段振奋人心的历程，而我们所涉及的仅仅是其中与数学有关的内容，因为如今无处不在——无论我们为此而开心，而难过，还是不安——的计算机正是数学的产物，数学家的孩子。反过来，这项技术的成功及其日新月异的发展同时又在质问我们，数学对象的性质为何？我们与这个独立存在且绝无仅有的世界又有怎样的关系？

人们普遍认为，第一台名副其实的计算机是由天才人物布莱斯·帕斯卡（Blaise Pascal，1623—1662）发明的，作为家族的鼻祖，这台计算机虽然年代久远，但在当时已经算是非常出色了。不过，相比帕斯卡，可以说集数学家、发明家、天文学家等身份——他同时还是牧师、神学家以及圣经语言的老师——于一身的威廉·契克卡德（Wilhelm Schickard，

1592—1635）还是略胜一筹。契克卡德是约翰尼斯·开普勒——让我们回顾一下，开普勒解开了行星运动的数学之谜，为牛顿的"万有引力"理论铺平了道路——的合作伙伴，两人关系密切，他帮助后者完成了对数表的创建。为了方便对数表的使用，契克卡德还产生了将其录入机器的想法。他将这台机器命名为"计算钟"，用以进一步加快天文级别大数的计算。为此，他绘制了样图，还将一台制造好的原型机寄给了开普勒，不过这台机器在一场火灾中化为了乌有。

1642 年，为了协助父亲做账，时年 19 岁的帕斯卡造出了第一台计算机样机。这台机器由一套装在金属盒里的转动齿轮构成，只能用于加减法运算。帕斯卡制造了 50 多台这样的机器，并试图将其投入市场，可惜价格过于昂贵。17 世纪 60 年代，塞缪尔·莫兰（Samuel Morland，1625—1695）以这台"帕斯卡加法器"（Pascaline）为蓝本，并根据"皮纳尔筹"的原理发明了三台类似的机器。在这三台机器中，一台可以进行与三角学有关的计算，另一台则可以完成乘法和除法运算。

可以看出，计算机领域在 17 世纪中期经历着飞速的发展，而莱布尼茨计算机的出现则使数学运算的机械化水平达到了一个全新的高度。

真实的机器，梦想中的机器

正如我们先前所见，莱布尼茨也是数学史上最伟大的"通才"之一，他在许多领域都取得了出色的成绩，还在一些未经探索或鲜有人涉足的科学知识领域扮演着开拓者的角色，而且这样的领域还不止一个。莱布尼茨对计算机史前科学有着巨大而丰富的贡献，因为这种贡献不仅体现在实用性层面上，还体现在理论性层面上：在实用性方面，他构造了自己的"计算机"；在理论性方面，他发展出了二进制记数系统（基数为"2"的记数系统），这是对于数学通用语言的思考与研究，也是逻辑的形式化。

莱布尼茨对中国文化非常着迷，他还在二进制数字与《易经》（*Yijing*）的六十四卦间建立起对应关系。《易经》的历史可以追溯到公元前3000年，它是一本卜筮之书，其中还阐释了道家的阴阳哲学。在几个世纪的时间里，《易经》不断得到补充与完善，尤以孔子于公元前6世纪末所做的贡献最为突出。11世纪，正是哲学家邵雍将最初由3条或连续或间断的线段（爻）所构成的符号整理成了六十四卦（一卦为6条线段）。这些线段可以被转化为二进制数，间断的线段等于"0"，连续的线段等于"1"。

年轻时的莱布尼茨曾被拉蒙·柳利的作品所深深吸引。拉蒙·柳利是来自马略卡岛的哲学家和神学家，他曾致力于改变犹太人与穆斯林的宗教信仰，使其皈依他所认为"正确的"宗教。为此，他制定了组合学的规则，这使他能够从定理中推导出正确的结论，并最终为天主教信条的优越性提供有力的证明。这种概括正确推理规则的追求促成了对逻辑"机器"的设计。人们认为，这种机器可以将所有的知识有序地组织起来，并确保得出正确的推论。可以说，"逻辑机"是对抽象思维具象化的一种尝试，其中，哲学家乔尔丹诺·布鲁诺（Giordano Bruno，1548—1600）就以帮助记忆为主要目的设计了一台"逻辑机"。在与布鲁诺同时代的人看来，他的记忆力简直好得惊人，而这种"记忆机"则被认为能使每一个人的记忆力都能与布鲁诺的记忆力不相上下。

莱布尼茨深知这些思维机器的局限所在，但所有知识都可以用一种极简的形式来表示、来概括的想法深深吸引着他。机器的概念不仅为这种归纳总结带来了希望，还为重复得到可以验证叙述的推论提供了可能，同时，人们还可以从逻辑推理自动得来的知识中发展出新的知识。

相较柳利而言，莱布尼茨开展"机械化"知识这项浩大工程的基础要坚实得多，这得益于他在数学以及语言和哲学方面的学识。此外，在莱布尼茨所处的那个时代，技术进步与科学发展齐头并进，实现数学普遍形式化与具象化的梦想似乎指日可待。

莱布尼茨致力于设计一种比帕斯卡的计算机更为复杂、更为完善的计算机，因为他坚信，漫长而乏味的计算对科学家来说是一种浪费时间的行为，他们应该把时间投入到更有建设性、更加高尚的任务中去，而不是去做这种奴隶式的劳动。17世纪70年代，莱布尼茨用木头成功制造了第一台模型机，尽管存在明显的技术缺陷，但这并不影响整个欧洲范围内的学院及学术界为他敞开大门，同时，他在同行中的声誉也得以建立。

另外，值得注意的是，这一点将莱布尼茨与牛顿——莱布尼茨的最大竞争对手，两人就微积分发明者的头衔展开了一场争夺之战——之间的关系变得如此紧密：由于率先提出了"反射望远镜"①这项创新技术成果，这位来自英国的天才也同样在学术界声名鹊起。

进步的机器

帕斯卡和莱布尼茨的计算机属于自动机械、钟表机械时代的产物，而雅克·德·沃康松（Jacques de Vaucanson，1709—1782）的发明则使自动机的复杂程度达到了巅峰。在他的作品中，最著名的便是能运动，甚至还

---

① 原文为"凸面望远镜"，但牛顿发明的是用凹面镜制成的反射望远镜，故怀疑此处是作者笔误。

能进食和"消化"的鸭子！19世纪，查尔斯·巴贝奇（Charles Babbage，1792—1871）和阿达·洛芙莱斯（Ada Lovelace，1815—1852）在英国设计出了一些机器（英文为"engines"，准确来说，法语应该译为"引擎"），同时，工业时代的到来也标志着人们将在通往现代计算机的道路上迈出最后也是决定性的一步。

！诗人的女儿与计算机的诞生：阿达·洛芙莱斯

阿达·洛芙莱斯，原姓拜伦，是安娜贝拉·米尔班奇（Annabella Milbanke）与著名诗人乔治·戈登·拜伦爵士——在欧洲被称为"Lord Byron"——的独女。作为计算机科学的先驱，她在很长一段时间内都遭人忽视，直到最近，人们才认可她对计算机科学带来的影响。在发生了一系列丑闻之后，拜伦被迫离开英国，并在宣布离婚之前抛弃了自己的妻女。其中的一些丑闻至今仍未公开，但主要是对其与妹妹奥古斯塔（Augusta）通奸和乱伦的指控。此后，他再也没能回到他的祖国，那个曾让他受尽追捧，后又遭千夫所指的地方。为了帮助希腊人摆脱奥斯曼帝国的占领，拜伦来到了希腊，并于1824年长眠于此。阿达的母亲——其前夫拜伦憎恶数学，还用戏谑的口吻讥讽她是"平行四边形公主"——一直以来都毫不吝惜为女儿提供坚实的科学教育，并有意让阿达远离其父的那些诗意的幻想，因为她认为这些思想有百害而无一利。

1835年，年轻的阿达与洛芙莱斯伯爵威廉·金（William King）结为夫妻并生下了三个孩子。家庭主妇的职责以及不稳定的健康状况经常使阿达无法践行其对于数学的热爱。尽管如此，她还是对由查尔斯·巴贝奇发起的计算机项目做出了确定性的贡献，并成为计算机历史上的第一位程序员！因此，她理应在历史上伟大女性数学家的万神殿中获得一席之位。遗憾的是，这个圈子还是相当封闭，除阿达外，名列其中的还有：亚历山大港的希帕提娅（Hypatie，约370—415）、玛丽亚·加埃塔纳·阿涅西（Maria Gaetana Agnesi，1718—1799）、妮可·雷讷·勒波特（Nicole Reine Lepaute，1723—1788）、苏菲·姬曼（Sophie Germain，1776—1831）以及艾米·诺特尔（Emmy Noether，1882—1935）。

1834年，数学家查尔斯·巴贝奇产生了一个富有远见的想法，即利用新开发的机械纺织机技术来设计新一代的计算机。机械纺织机技术自18世纪末开始蓬勃发展，同时，一项创新技术使得人们能够在不更换纺织机，甚至连调整纺织机都不需要的情况下织出不同的图案。这种技术利用的是一种打孔卡片系统，只需更换卡片就能更改纺织图案，如果将这种卡片应用到计算机上，就能使自动计算器执行任何操作。不过，在此之前，人们制造的所有计算机都仅限于进行某类特定的操作。因此，巴贝奇的志向是要制造一台通用计算机。

此前，巴贝奇就在考虑要设计一台新的机器以改进当时存在的各种计算表，比如对数表、天文表或航海表。他发现，人类计算的局限性造成了许多错误，而这些错误本可以通过将所有运算自动化的方法来弥补。巴贝奇设计的第一台机器是"差分机"（difference engine），它被认为可以根据函数之间的差值进行计算。从1821年起，巴贝奇就开始展示他的试验品，但事实证明，由于这台机器对当时的技术手段来说太过复杂，因此没有运作起来。1833年，17岁的阿达·洛芙莱斯与巴贝奇相遇并被他的"机器"深深吸引。在阿达的协助下，巴贝奇距离"历史上第一台计算机制造者"的美誉仅有一步之遥，他想到要改良雅卡尔提花织机的打孔卡片系统，以使其适用于机械计算，而这个想法也使他的第二个伟大工程应运而生，那就是"分析机"。

值得注意的是，阿达·洛芙莱斯所发挥的作用是决定性的，因为她将计算算法"翻译"为打孔卡片的过程就相当于在为计算机编程，而她实际上就是程序员的鼻祖，而且她还编写了一个计算伯努利数——由雅克·伯努利（Jacques Bernoulli）于18世纪描述的一个复杂有理数数列——的算法。两个卓越的头脑相互碰撞，共同催生出这项工程，而它却不幸碰壁。一方面，他们受到了当时技术水平的限制；另一方面，悲剧般的命运在阿达身上降临：36岁时，正值大好年华的阿达因癌症的侵袭而告别人世。巴贝奇在其有生之年都未能看到他的"引擎"或"机器"运转起来，但他的儿子还是将具有决定性意义的第一批试验品展示了出来。第一台完整且可运转的"差分机"最终于1991年制造完成。人们不禁会想，如果巴贝奇和洛芙莱斯的发明能够早些实现，世界又会是什么样子的呢？这种猜想给科幻作家们带去了源源不断的灵感。

差分机或蒸汽计算机

1990年，"赛博朋克"派——科幻小说的子类，故事建立在对未来的预测之上，通常围绕计算机技术及虚拟现实展开，"赛博"（"cyber"）

一词由此而来；同时，由于故事被设定在反"乌托邦"的世界，即人性堕落、道德沦丧，因自由主义泛滥而变得崩坏的世界之中，因而体现出了"朋克"（punk）的一面。总结来说就是2.0版的《没有未来》[①]！——科幻小说家布鲁斯·斯特林（Bruce Sterling）与威廉·吉布森（William Gibson）合著了一部名为《差分机》（*The Difference Engine*）的作品。这是一部架空历史小说[②]，作者在小说中虚构了一个世界，其中查尔斯·巴贝奇和阿达·洛芙莱斯成功制造了他们设计的装置。

在这个平行世界，这个架空历史的故事中，阿达的父亲，也就是拜伦爵士并未在1824年为捍卫希腊人民的自由而献身，而是领导了一场专家治国政治运动。作为首相，拜伦允许他的女儿及其合作者巴贝奇以工业制造的规模开发他们的"差分机"。复杂而充满阴谋的间谍活动围绕着打孔卡片的非法交易展开，这样的世界与我们的信息社会惊人地相似，只是在这里，煤炭和蒸汽机从未被石油和内燃机取代。因此，这部小说也是科幻小说的另一个子类"蒸汽朋克"派小说（"steampunk"）——在政治讽刺背景下，对蒸汽时代加以延伸的架空历史小说——的典范。

---

① 美国文学评论家及学者李·埃德尔曼（Lee Edelman）于2004年撰写的作品。原著名为 *No future*。
② 架空历史小说（英语：Alternate history、alternative reality，简称"架空小说"），即描述"并非真实发生的虚构历史"的小说，包括其历史背景及未来发展。小说最大的特点在于，故事通常会发生在一段由作者所虚构或改编的历史及一个随意设定的世界之中。

机器之战及第一批计算机

20 世纪中期，真正意义上的计算机终于诞生了。方才我们简短地再现了计算机走向成熟的漫长历史过程，而这最后一步的完成同样也是技术革新与理论思考共同作用的结果。这些思考来自当时一些最伟大的数学家，其中最为举足轻重的当属美籍匈牙利数学家约翰·冯·诺伊曼以及英国数学家阿兰·图灵。

正如我们在前一章中所看到的，1936 年，为了说明"可计算性"的概念，并对库尔特·哥德尔关于不完备性定理的思考进行延伸，图灵设计出了一台纯理论性质的虚拟机器。后来，人们以他的名字命名，将这台机器称作"图灵机"。如何定义什么是可计算、可验证的呢？为了回答这个问题，图灵描述了一种带"读写头"的虚构的机器，这个读写头可以在一条由单元或方格组成的纸带上游走，并且在理想状态下，这条纸带拥有无限的长度。读写头能够识别写在方格中的字符，在一系列的既定指令下，它将输入新的数字（或任意其他符号）并朝纸带的左端或右端移动，然后重新开始相同的流程。图灵的结论是，所有能在有限时间内，通过这样一台机器实现的运算都是可计算的，不论这段时间有多长。人们将这台于 1936 年被描述出的"图灵机"作为所有形式系统（算法的简化）的模型使用，而图灵本人则证明了所有这类语言的不完备性，从而证实了哥德尔的结论。

这位年纪轻轻的天才——当时他年仅 24 岁——或许远没有想到，他的"思想实验"在如此短的时间内就在真正的机器上得到了体现。因为尽管他没有在 1936 年将这台虚构的机器变为现实，但它确实成为计算机的理论模型，人们随后制造的所有计算机都与之相符。直到最近，人们才制造出了真正的、可以运作的"图灵机"。不过，我们可以将所有从那时起制造的计算机以及它们如今的变体（智能手机、平板电脑等）都看作通用图灵机，或者更确切地说，是"嵌套式"的图灵机——一台电脑自身是一台图灵机，而它的操作系统又是另外一台图灵机，以此类推。在图灵对他的"机器"进行理论研究的初期，具有远见卓识的他就考虑到了当计算机到达制造阶段时，将会出现的一个最为具体的问题——停机问题，这个问题旨在研究我们是否能（以及如何）确定一个计算机程序何时"崩溃"。而这个问题远比其表面上看来的要复杂得多。图灵的结论并不能使人安心：不存在任何解决停机问题的计算程序。换言之，任何图灵机都无法预测另一台图灵机是否会意外停机或死机！并且，尽管图灵没有机会在真正的计算机及计算机程序上检验他的结论，但计算机技术经过近 80 年的发展后，人们既无法推翻这一结论，也不能提出更优的意见。早在计算机被制造出来之前，图灵就已经构想出它的面貌，不仅如此，他甚至还预见到了漏洞的存在！

编（解）码的考验

20 世纪 30 年代，历史向图灵发出了不可推辞的要求，推动他研究基本数学逻辑的非凡创造力因此受到遏制。当英国加入与德国的战争中时，这位年轻的研究人员在一个极其敏感的领域为英德对战做出了贡献，那就是密码学领域，即破译用于传输军事指令及军事情报的密码。

为了保护情报，德军使用了工程师亚瑟·谢尔比乌斯（Arthur Scherbius）于 1918 年设计的"恩尼格玛密码机"（Enigma）。20 世纪 20 年代，德国海军和陆军先后购入了这种机器。"恩尼格玛密码机"的密码组合数量之多，使盟军几乎没有破译加密信息的可能。法国军事情报部门想办法取得了情报，并将其传递给了波兰人，为破译信息，后者开始了"恩尼格玛密码机"的复刻工作。后来，德国入侵波兰，他们的工作随之中断，而后又在英国的布莱切利园（Bletchley Park）——专为截获及破译交战国所有密码和代码而设的中心——得以继续。

尽管图灵不是唯一在布莱切利园工作的人，但他在开发"炸弹"方面发挥了决定性的作用。"炸弹"是一台利用电器控制机械的机器，专门用于破译每日都会更新的"恩尼格玛"密码，它为盟军提供了决定性的战略优势，对确保战争的最终胜利做出了贡献。不过，历史上的第一台计算机并非由图灵制造，那些节略中所描述的并不正确。这台名为"巨人"的计算机确实是在第二次世界大战期间于布莱切利园中制造的，但其设计者是麦斯·纽曼（Max Newman，1897—1984）——图灵在剑桥大学的老师，制造者是汤米·佛劳斯（Tommy Flowers，1905—1998）。

"巨人"计算机专用于破译使用"洛仑兹密码机"编码的德国最高统帅部的情报。在冷战一触即发之际，温斯顿·丘吉尔（Winston Churchill）不愿这台战略性武器落入歹人之手，因此"巨人"计算机连带其制造图纸及文件都在二战结束后遭到销毁。这个秘密瞒天过海，发明第一台计算机的头衔也因此落到了美国人的头上：1946 年，美国宣布了"埃尼阿克"（ENIAC[①]）的诞生。

---

① "ENIAC"英文全称为"Electronic Numerical Integrator And Computer"，即"电子数字积分计算机"。事实上，"ENIAC"是继"ABC"（阿塔纳索夫–贝瑞计算机）之后的第二台电子计算机和第一台通用计算机。

一个与众不同的苹果

图灵虽然不是首台计算机之父，但他一定是"巨人"计算机运行的见证者，在将理论模型转化为实物的过程中，他意识到了电子技术所发挥的重要作用。战争一结束，图灵便将精力集中在"计算机"（那时计算机还不叫"计算机"）的实际运用和功能性方面。众所周知，约翰·冯·诺伊曼——图灵与他相识于美国——也同样在计算机理论方面做出了决定性的贡献：冯·诺伊曼结构对计算机的各个组成部分（储存器、控制器、逻辑运算器、输入设备以及输出设备）以及它们之间的关系进行了描述。同时，他还参与了美国第一台计算机"埃尼阿克"及其多个"继任者"的制造工作。同图灵一样，冯·诺伊曼最初的兴趣也源自 20 世纪初那场激烈而喧嚣的辩论，整个数学界都为之动摇。冯·诺伊曼支持希尔伯特所捍卫的公理形式主义。因此，他也因哥德尔不完备性定理的宣布而受到震动，他梦想有朝一日，数学这座宏伟大厦的一致性与完备性能够得到证明，而这个梦想也随之粉碎。图灵曾描述过一台纯虚构机器的运作过程，同样，冯·诺伊曼也创造了一个"自我复制机"的概念。这种机器拥有复制自身的能力，因而模糊了机器与生命之间的界线，不过它目前还处于——至少暂时处于纯想象的阶段。

图灵是科学及技术史上一名无可比拟的天才，是一位高瞻远瞩的全能型人才，也是一个破译"恩尼格玛"编码信息的名副其实的英雄。然而，他的命运却是残酷、悲惨而不公的。图灵是一名同性恋者，这在当时的英国还是一种罪行。要想避免牢狱之灾，他只能接受"化学阉割"这种有辱人格的治疗方式，被迫摄入被认为能抑制性欲的雌性激素。使用这种雌性激素所带来的影响是灾难性的，图灵就此陷入了深深的抑郁之中。1954

年，年仅 41 岁的图灵被发现因氰化物中毒而亡，身边还放着一个被咬了一半的苹果——据推测，这个苹果曾浸泡过致命的毒药，尽管人们并未对其进行分析检验。虽说自杀是最为合理的一种解释，但围绕其死亡的不明之处还是让一些人产生了另外的设想，比如有人猜测这是一场意外——图灵当时正在使用氰化物进行化学实验，还有人猜测这是一场谋杀。

在有些人看来，著名的信息技术公司"苹果"之所以选择这个名字，以一个"苹果"作为标志，并使用与同性恋群体的彩虹旗帜相同的配色，都是对图灵之死的一种隐秘暗示。不过，"苹果"的创始人史蒂夫·乔布斯（Steve Jobs，1955—2011）否认了这种解读。2013 年，英国女王伊丽莎白二世为图灵追授了赦免状。

数学家是否怀有人工智能之梦

图灵的高瞻远瞩在许多方面都有体现，他曾预见计算机科学后来的发展，尤其是人工智能概念的出现。他甚至还设计了一个测试——从那时起就以"图灵测试"这个名字而闻名——用以确定一台机器或者一个程序能否被称为智能。根据他的说法，一台计算机一旦能够让与它对话的人相信它拥有智慧，同时无法确定它究竟是不是一台机器，那它便成功通过了图灵测试。图灵测试在今天仍然具有非凡的现实意义，比如"验证码"（CAPTCHA）（Completely Automated Public Turing test to tell Computers and Humans Apart，即"全自动区分计算机和人类的公开图灵测试"）的灵感就来源于此。当我们在浏览网页时，为了确保我们不是机器人、自动机或人工智能程序，经常会出现这种带有模糊字符或干扰线的验证信息。图灵的切实之处在于，他没有陷入智能、思想，甚至"灵魂"的本质是什么的哲学讨论之中——这种讨论是无休止的——而是为智能机器给出了一个具体而实在的定义，尽管他的表述模棱两可，其中"模仿"与"伪装"的概念混淆不清，同时还引发了科幻小说家菲利普·K.迪克（Philip K. Dick，1928—1982）对于人机关系的一系列棘手而艰深的问题：1968年，菲利普·K.迪克创作了一部名为《仿生人会梦见电子羊吗？》（*Do Androids Dream of Electric Sheep?*）的作品；1982年，导演雷德利·斯科特（Ridley Scott）将这部作品搬上了银幕——《银翼杀手》（*Blade Runner*）。在《仿生人会梦见电子羊吗？》一书中，菲利普·K.迪克提到了一个被称为"沃伊特坎普夫"（Voigt Kampff）的心理测试。在这个测试中，缺乏同情心的仿生人（在电影中是"复制人"）将暴露自己的身份，而这显然就是图灵测试的翻版。因此，没有什么比一个能让你相信它是人类的机器人更像人类了。

超越可计算范围？量子计算机

正如我们所见，图灵给所有计算机设定的唯一限制就是对可计算性的限制。但有什么运算或推理是不符合这个定义的呢？什么东西是不可计算的呢？1982年，理查德·费曼（Richard Feynman，1918—1988）给出了一个答案。凭借在量子电动力学方面的研究，理查德·费曼获得了诺贝尔物理学奖，同时，他还是一位出色的科学传播者——通过其"通俗化"的科学讲座与科学书籍，几代激情满满的"非专业人士"得以发现宇宙的奇妙所在。

作为全球领先的量子物理学专家之一，理查德·费曼认为量子物理学所描述的现象就不符合图灵对于"可计算"所做出的定义，同时，它们也无法用他的机器来阐明。因为这些现象是不能使用二进制语言来建模的，比如一个粒子可以同时处于几种叠加的量子状态之中。不过，障碍就是用来打破的。此后不到三年，就职于牛津大学的以色列研究员戴维·多伊奇（David Deutsch，生于 1953 年）就提出了量子图灵机的设计方案。与它的原始模型一样，量子图灵机在当时也是一台纯理论的机器，它将传统的二进制比特替换为"量子比特"或"昆比特"（qubits）。利用亚原子尺度上的物质行为原则——就像量子力学所描述的那样——多伊奇绕开了数字图灵机的限制（原子尺度上的物质行为甚至超越了这个限制），即每个比特只能同时显示出一种状态，要么是"0"，要么是"1"。

没过多久，由图灵所描述的纯虚构机器就在真实可用的设备中得到了体现。同样地，量子计算机自此也从理论思考阶段走向实现的边缘。第一批量子计算机已经测试成功，但技术实施方面还仍然存在着重大的问题（尤其是需要将每个成分与其周围的环境隔离开来，从而防止一种被称为"量子退相干"的现象发生。一旦粒子间相互作用，这种现象就会使粒子发生"相位偏移"，并"迫使"它们采用二进制行为，也就是我们在宏观世界中所观察到的一个物体只能同时处于一种状态的行为），尽管如此，所有"未来学家"及其他预言未来的人都一致同意，未来将是量子计算机的天下，而未来的计算能力也将呈现出指数级的增长，令人无法想象。

所有这些都是数学

如今，计算机已经成为数学家不可或缺的盟友：有了计算机，他们能够完成单凭个人好几辈子都无法完成的计算，能够为他们的假说建模，能够验证他们的理论，或用图像表现本来无法绘制出的图形。人类在数学方面的创造力以及对数学的直觉仍然是独一无二的，这使我们能够构想出新的定理，开辟未知的新兴研究领域。最重要的是，使我们得以对自己的成果提出批评、进行改进。不过，这样的日子还能持续多久呢？会不会有那么一天，新一代的人工智能将代替我们，或者更确切地说，将代替人类数学家来完成数学工作呢？毕竟在一些人的眼中，人类数学家有时已经是机器人一般的存在了。在国际象棋领域，人工智能已经击败了人类中最具天赋的那些人——例如曾被媒体大肆报道的、国际象棋世界冠军加里·卡斯帕罗夫（Gary Kasparov）与计算机"深蓝"（Deep Blue）之间的对战。甚至在更加复杂、更加依靠直觉的围棋比赛中，胜出的同样是人工智能。那么，什么时候能轮到数学机器人出现呢？数学机器人倘若问世，它们又能在数字世界的探索之路上走多远呢？能比我们走得更远吗？事实上，它们能够冲破大量的限制，不像我们这些可怜的人类，在进行研究时还仍然受其束缚：我们不仅受制于自身的计算能力，还受制于我们的存在形式——比如，时空的障碍使我们最多只能"看到"四个维度（如果只局限于空间维度的话，甚至只能"看到"三个）。但如果事实如此，我们能够理解它们并利用它们的发现与成果吗？还是说，它们会像某些"数学专家"看待"数学小白"那样看待我们，把我们当作智力发育迟缓的孩童，或无可救药的白痴，就算对我们当中最"精通数学"的那群人也是同样的态度吗？

甚至，期待有一个超级强大的人工智能出现，并为自人类探索之初就在问的那些基本问题做出解答也不失为一种诱人的想法。不过,我们可能会发现自己就像道格拉斯·亚当斯(Douglas Adams,1952—2001)的科幻喜剧小说《银河系漫游指南》——根据系列广播节目 H2G2(The Hitchhiker's Guide to Galaxy 的简称)改编——中的外星人一样尴尬:为了回答"生命、宇宙及万物"的终极问题,有史以来最为强大的计算机"深思""运转"了不少于 750 万年,然而,期待已久的答案却化为一记当头棒喝:"42!"

面对这些既困惑又错愕的可怜生物,聪明的计算机只能回应道:

> 我非常仔细地检查了,这就是无可争辩的正确答案。但坦率地讲,我认为问题就出在你们从来没有真正弄清楚问题是什么。
>
> [道格拉斯·亚当斯《银河系漫游指南—H2G2》(*Le Guide du voyageur galactique–H2G2*)第一部,巴黎,伽利玛出版社(Gallimard)"folio SF"科幻系列,2005 年,第 232 页。]

在这场数字王国之旅的最后,我们想邀请大家静下心来,好好思索一番这个怪诞而又深刻的寓言故事。同时,也对数字神秘主义进行一次有力的嘲讽,它太过容易就获得了某些数学粉丝的青睐。另外,学会提出好的问题——在奥尔格·康托尔看来,这就是数学研究的全部意义!——这或许是我们能做的最好的事情。

"在数学领域,提问的艺术比解惑的艺术更能振奋人心。"

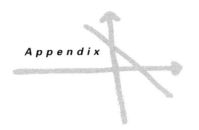

·让－皮埃尔·贝尔纳（Jean-Pierre Belna），《康托尔》（*Cantor*），巴黎，美文出版社（Les Belles Lettres），"学术人物小传"（Figures du savoir）系列丛书，2000 年。

·雅克·布弗雷斯（Jacques Bouveresse），《类比的奇迹与眩晕：论思想中纯文学的滥用》（*Prodiges et vertiges de l'analogie, belles-lettres*），巴黎，动机出版社（Raisons d'agir），1999 年。（该书指出了哥德尔定理的某些"滥用"之处，尤其是在政治哲学领域。）

·皮埃尔·卡苏－诺盖斯（Pierre Cassou-Noguès），《希尔伯特》（*Hilbert*），巴黎，美文出版社（Les Belles Lettres），"学术人物小传"（Figures du savoir）系列丛书，2001 年。

·皮埃尔·卡苏－诺盖斯（Pierre Cassou-Noguès），《哥德尔的魔鬼：逻辑与疯狂》（*Les démons de Gödel. Logique et folie*），巴黎，塞伊出版社（Les Editions du Seuil），"开放科学"（Science ouverte）系列丛书，2007 年。

· 皮埃尔·卡苏 – 诺盖斯（Pierre Cassou-Noguès），《哥德尔》（*Gödel*），巴黎，美文出版社（Les Belles Lettres），"学术人物小传"（Figures du savoir）系列丛书，2004 年。

· 蒂博·达穆尔（Thibault Damour），《爱因斯坦如是说》（*Si Einstein m'était conté...*）（2012），巴黎，弗拉马里翁出版社（Flammarion），"科学领域"（Champs sciences）系列丛书，2016 年。

· 让 – 保罗·德拉耶（Jean-Paul Delahaye），《奇妙的质数：深入算术的世界》（*Merveilleux nombres premiers:au cœur de l'arithmétique*），巴黎，贝兰出版社（Belin），"为了科学"（Pour la science）系列丛书，2000 年。

· 让 – 保罗·德拉耶（Jean-Paul Delahaye），《迷人的数字 π》（*Le fascinant nombre pi*），巴黎，贝兰出版社（Belin），"为了科学"（Pour la science）系列丛书，2001 年。

· 约翰·德比希尔（John Derbyshire），《素数之恋》（*Dans la jungle des nombres premiers*），巴黎，迪诺出版社（Dunod），2007 年。

· 马库斯·杜·索托伊（Marcus du Sotoy），《神奇的数学：牛津教授给青少年的讲座》（*Le mystère des nombres. Odyssée mathématique à travers notre quotidien*），巴黎，伽利玛出版社（Gallimard），"口袋文集"（Folio Essais）系列丛书，2015 年。

· 阿尔伯特·爱因斯坦（Albert Einstein），《相对论：狭义相对论与广义相对论：相对论与空间问题》（*La relativité. Théorie de la relativité restreinte et générale. La relativité et le problème de l'espace*），巴黎，佩耶出版社（Payot），1920 年，2001 年。

· 詹姆斯·格雷克（James Gleick），《混沌》（*La théorie du chaos*）（1987），巴黎，弗拉马里翁出版社（Flammarion），"科学领域"（Champs sciences）系列丛书，1991 年。

· 大卫·希尔伯特（David Hilbert），《论未来的数学问题：23 个问题》（*Sur les problèmes futurs des mathématiques. Les23 problèmes*）（1902），巴黎，雅克·加贝出版社（Editions Jacques Gabay），1990 年。

· 埃尔维·莱宁（Hervé Lehning），《世界上的数学》（*Toutes les mathématiques du monde*），巴黎，弗拉马里翁出版社（Flammarion），2017 年。

· 本华·曼德博（Benoît Mandelbrot），《分形：形态、机遇与维度》（*Les objets fractals. Forme, hasard et dimension*）（1975），弗拉马里翁出版社（Flammarion），"科学领域"（Champs sciences）系列丛书，2010 年。［该书为法兰西公学院和哈佛大学（马萨诸塞州剑桥市）系列讲座的成果。］

· 劳伦特·诺塔尔（Laurent Nottale），《漫谈相对论》（*La relativité dans tous ses états*），巴黎，阿歇特出版社（Hachette），1998 年。

· 伊恩·斯图尔特（Ian Stewart），《丈量无限：数学的故事》（*Arpenter l'infini. Une histoire des mathématiques*），巴黎，迪诺出版社（Dunod），2010 年。

· 郑春顺（Trinh Xuan Thuan），《渴望无限》（*Désir d'infini*），巴黎，法亚尔出版社（Fayard），2013 年。

· 郑春顺（Trinh Xuan Thuan），《极致空虚》（*La plénitude du Vide*），巴黎，阿尔班·米歇尔出版社（Albin Michel），2016 年。